VOYAGES

MINÉRALOGIQUES

DANS

LE GOUVERNEMENT

D'AIGLE,

ET UNE PARTIE

DU VALLAIS.

SUIVIS

De la Relation d'une Excursion fur le Lac de LUCERNE, ou Lac des QUATRE CANTONS.

PAR

Mr. le Comte G. DE RAZOUMOWSKY.

A LAUSANNE,

Chez MOURER, Cadet,

Libraire & Imprimeur de la Société des Sciences Phyfiques.

M. D. CC. LXXXIV.

À

MONSIEUR LE COMTE

ANDRÉ

DE RAZOUMOWSKY

MINISTRE DE RUSSIE

À LA COUR

DE NAPLES,

&c. &c. &c.

C'Eſt à l'amitié que je dédie mon livre. Vous avez approuvé, mon cher Frère, mes goûts & mes études; vous avez pris part aux douces jouiſſances que m'ont procurées mes excurſions,

dans les montagnes ; vous avez defiré de me voir
auprès de vous , d'être vous-même le témoin de
mes courfes & de mes travaux , dans ce climat
fortuné , cette contrée heureufe , où vous êtes
maintenant fixé ; où la nature fi féconde & fi variée dans fes phénomènes , préfente pour ainfi
dire , fous un même cadre , les tableaux effrayans
de défaftres & de malheurs , à côté des fites les
plus riants , des païfages les plus enchanteurs.

C'eft donc à vous , qui marquez tant de con-
fiance en mes foibles talens , à qui je dois l'hommage de mes obfervations , dans un païs , à la
vérité , moins riche en merveilles que l'Italie ;
mais qui n'en eft pas moins un des plus charmans
& des plus intéreffans de l'Europe. Je fuis né
fenfible , & je me fais un devoir de vous témoigner ici combien votre amitié m'eft chère , combien j'y fuis reconnoiffant ! Puiffe la lecture de
ces voyages , vous faire autant de plaifir que j'en
éprouve à vous les offrir.

Le plus dévoué & le plus tendre
de vos FRERES,
LE COMTE G. DE RAZOUMOWSKY.

AVERTISSEMENT.

AVERTISSEMENT.

LOrsque je me mis en route, dans le deſſein de parcourir tout le Vallais, je ne penſois pas qu'une maladie inopinée retint tout-à-coup mes pas ; j'aurois pouſſé mes obſervations juſqu'au St. Gothard, qui ſépare le Vallais d'avec le canton d'Uri ; les vallées latérales à celles du Rhône & de Sion, auroient fixés mon attention, & outre cet enſemble ſublime, qui ſe préſente dans les montagnes à un naturaliſte, & qu'il ne doit point négliger, je me ſerois attaché à faire connoître les mines d'un païs qui en abonde, & qui reſtent ignorées ; mais puiſque le ſort en a décidé autrement, puiſque je n'ai pu faire que la moitié de la carriere que j'avois entrepris, je ſouhaite qu'un autre, plus fortuné que moi, faſſe ce que je n'ai pu faire ; on aura peut-être des détails plus ſatisfaiſans & plus circonſtanciés, ſur un païs ſur lequel on n'en a proprement encore aucun, du moins pour ce qui regarde ſon hiſtoire naturelle.

Pour moi, étranger dans ce païs, des circonſtances m'appellant ailleurs pour longtems, & ne pouvant plus, à mon grand regret, renouveller, ſur les contrées de la Suiſſe, que j'ai viſitées, les recherches que j'y ai faites, ni les pouffer plus loin ; je fens que ces obfervations , que j'ofe préfenter aujourd'hui au public, ne peuvent être que très-imparfaites ; mais comme je décris des lieux prefqu'entiérement nouveaux pour le Naturalifte , je les ai cru de quelque importance ; d'ailleurs un plus habile obfervateur que moi pourra rectifier un jour mes affertions , fi je me fuis trompé , il verra plus & mieux que moi , (furtout s'il eft du païs) & c'eft tout ce que je defire.

Quant à mon ftyle , je n'entends nullement en faire l'apologie ; je fais qu'il eft des gens qui attachent un grand mérite à donner une tournure élégante à ce qu'ils difent ou écrivent ; mais pour moi , je l'avoue , me bornant uniquement aux objets de la fcience que je cultive , je n'ai prétendu dans mes écrits parler qu'en Minéralogifte & aux Minéralogiftes ; ce n'eft que leurs fuffrages que j'ambitionne , & ce n'eft auffi qu'à eux feuls que je confacre tous mes travaux.

J'ai penfé que l'on me fauroit gré , d'avoir placé à la fin de cet ouvrage, l'efpèce de carte, faite d'après le grand ouvrage en relief de M. le Général Pfiffer , quoique réduite à la moitié de fa grandeur , à caufe du format de ce livre , vû qu'elle eft encore peu connue & qu'elle eft d'ailleurs en quelque forte néceffaire , pour faciliter l'intelligence de ce que j'ai à dire fur la vallée du lac des quatre Cantons.

VOYAGES

VOYAGES

DANS

LE GOUVERNEMENT D'AIGLE

ET

DANS LE VALLAIS.

CHAPITRE PREMIER.

VOYAGE DE LAUSANNE A AIGLE.

Vestiges d'un ancien tremblement de terre.

JE ne répéterai point ici tout ce que j'ai dit ailleurs, sur la route de Lausanne à Aigle, & que l'on peut consulter (1) ; je me contenterai de rapporter dans ce chapitre, quelques observations que le tems ne m'avoit pas permis de faire autrefois.

─────────────────

(1) Voyez le voyage aux environs de Vevay & une partie du bas Vallais, inséré dans le Ier tome des Mémoires de la Société des Sciences physiques de Lausanne.

A

Départ de
Lausanne.

   Ce fut vers la fin de Juillet, que nous par-
tîmes de Lausanne au nombre de trois, en
suivant toujours agréablement les bords rians
du lac de Geneve, jusqu'à l'entrée de la vallée du Rhône. (2) J'obfervai vis-à-vis de
la ville de St. Gingouph qui dépend de la
Savoye, de l'autre côté du lac, en approchant du Château de Chillon, que les couches de la côte calcaire que nous bordions,

Couches
singuliè-
rement
contour-
nées.

fe replioient en forme d'arc, dont la conca-
vité regardoit le ciel, (voyez la fig. 1.) en
formant en même tems le fommet de cette
côte efcarpée.

   Il eft fouvent prefqu'impoffible de rendre
raifon des formes bizarres que prennent les
couches calcaires & autres; formes que nous
aurons fouvent occafion de faire remarquer

---

   (2) Je continuerai à diftinguer dans ce voyage
la vallée du Rhône de la vallée de Sion, par plufieurs raifons: 1°. parce que de même que les vallées de Bagnes & d'Entremont, elles ont deux di-
rections différentes : la vallée du Rhône fe dirigeant
du Nord-Oueft au Sud, & celle de Sion du Sud à
l'Eft. 2°. Parce que la vallée de Sion, s'approchant
plus du cœur des Alpes, eft d'une nature & d'une
compofition prefqu'entiérement différentes de la vallée du Rhône. 3°. Enfin, parce que prefque toute la
vallée de Sion appartient au haut Vallais, tandis que
la vallée du Rhône eft prefque tout bas Vallais. On
trouvera peut-être qu'il étoit plus naturel de conferver
le nom du fleuve qui traverfe ces deux vallées à celle
de Sion, mais j'ai mieux aimé le donner à celle qui
s'étend depuis Martigny jufqu'à Villeneuve, parce
qu'il n'y a point de ville un peu confidérable dont
elle puiffe porter le nom.

dans le cours de ces voyages. Il paroît évident que là figure des couches dont nous parlons ici, doit fon origine à la preffion de quelques corps plus pefans qu'elles, lorfqu'elles étoient encore molles ; mais comme il n'y a pas apparence que ce petit efpace de la côte ait eu feul part à l'action de la pefanteur de ce corps, fans que les parties voifines y ayent participées, on pourra, ce me femble, demander avec raifon, pourquoi les autres couches avoifinantes n'ont pas éprouvées les mêmes effets. Nous verrons dans les paragraphes fuivans d'autres exemples pareils, mais nous y verrons auffi des formes de couches qui ne peuvent, à ce qu'il me paroît, faire préfumer qu'une forte de cryftallifation dans les endroits où ils fe font remarquer.

Au de-là de Villeneuve, & en deçà de la fcie de Roche (3) tout près d'elle, où l'on exploite des carrieres d'un beau marbre rouge, les montagnes s'abaiffent tellement, qu'elles ne forment plus qu'une côte d'environ 18 toifes; celle-ci fe termine en plufieurs pointes dont l'une eft formée par l'arrondiffement des couches à fon fommet. Elles ont encore ici la figure d'un arc de cercle, mais dont la convexité eft tournée en haut, & dont les extrèmités tendent d'abord à fe toucher, & enfuite à s'éloigner de nouveau les unes des autres; cet effet eft d'autant moins fenfible,

Autres couches finguliéres.

---

(3) Cette fcie eft au deffous des carrieres mêmes de marbre, & fert à fcier les blocs qu'on en tire; elle eft à une lieue de Villeneuve.

que cet arc est plus près de sa circonférence
formée par les couches supérieures ; les couches au dessous de l'arc de cercle s'élévent déja
considérablement au-dessus de l'horison, vers
le Nord-Ouest, & s'abaissent vers le Sud-Est,
& semblent, par leur continuité avec l'arc de
cercle, l'avoir formé en se recourbant sur elles-
mêmes, au sommet de la pointe que forme
ici la côte, comme on peut le voir dans la
figure 2. Cette forme bizarre paroît d'abord
inexplicable, & l'on a de la peine à concevoir quelle est la cause qui a produit un si
singulier effet ; mais en supposant différens
degrès de densité dans les différentes parties
des montagnes, (4) & la pression de couches ou matieres plus denses & plus pesantes, dans l'entre-d'eux des pointes isolées, &
qui sembloient avoir été contiguës autrefois,
(5) il me paroît que la pression de ces matieres, selon les parties & la nature des corps
sur lesquels elle agissoit, selon les diverses
résistances qu'elle a dû trouver, selon les
divers rapports de la densité de ces matieres

---

(4) Cette supposition est d'autant plus naturelle
à faire, que l'expérience nous prouve tous les jours
que non seulement les différentes parties des montagnes peuvent différer en densité entr'elles, mais
les différentes couches qui les composent, & même
les différentes parties d'une même couche.

(5) Que sont devenues ces matieres pesantes de-
mandera-t-on peut-être ? Elles peuvent avoir été en-
trainées par les courans de la mer, & détruites
par les eaux qui s'insinuent au travers des fentes des
rochers, par les tremblemens de terre &c.

avec celle des fubftances fur lefquelles elles preſſoient, & enfin felon leur fituation dans l'entre-deux des pointes, il me femble, dis-je, que cette preſſion a pu, felon ces différentes loix, produire différents effets fur les couches des montagnes, foit en les recourbant, en toutes fortes de fens, foit en les redreſſant &c. Quoiqu'il en foit, il eſt évident que la côte dont nous parlons, a dû autrefois avoir une étendue beaucoup plus confidérable qu'aujourd'hui en longueur, puifque les couches repliées ou prefque perpendiculaires maintenant, paroiſſent avoir été horifontales autrefois.

Encore un peu en deçà de l'endroit où l'on obferve le phénomène dont nous venons de parler, on en remarque un autre non moins curieux, & dont il paroît encore plus difficile de rendre raifon. Si l'on jette les yeux fur les couches de la montagne, à la hauteur d'environ une vingtaine de toifes, on y voit la figure d'un petit quarré ou plutôt lozange, compofé de lamelles minces dont la partie qui regarde, ainfi que la côte, le Nord-Oueſt, paroît fillonnée en forme de zig-zags; (voyez la fig. 3.) la partie du lozange, A. fuit l'inclinaifon des couches de la côte dans lefquelles il eſt enclavé; B. C. D. reſſemble à un creufage fimple, mais très-ferré, apparence à laquelle les lamelles très-minces, mais très-diſtinctes de ces parties du lozange, donnent lieu; les couches de la côte font ici prefque perpendiculaires, mais comme elles font légérement inclinées vers le Nord-Oueſt, les parties B. D. du lozange, en s'élevant contr'elles, les coupent à angles affez aigus.

Il me femble que fi l'on fuppofe encore ici une différence de denfité dans les couches des montagnes, comme dans le cas précédent, on pourra préfumer avec raifon, que notre lozange compofé, comme le refte de la côte, d'un marbre noir, mais moins compact & en bancs moins épais, & formés par conféquent de parties moins difficiles à divifer, aura fubi lors de la retraite des eaux, où tout étoit encore dans l'état de molleffe, un retrait occafionné par l'évaporation de fon humidité duë à la matiere de la chaleur, (provenant de l'action des rayons du foleil) qui pénétre plus facilement les corps moins compacts : ce qui a dû produire une difruption, une ceffation de continuité dans les couches, où les plus molles fe feront féparées des plus dures par leur deffication dans les différens points où elles fe trouvoient en contact ; & l'effort qu'elles auront faites, & qui étoit fans doute plus grand de haut en bas, ou dans le fens de leur pefanteur qu'ailleurs, a dû auffi produire néceffairement de petites fentes dans leur épaiffeur ; de là les lamelles minces dont elles font compofées, de là, la forme de lozange lamelleux, qui comme l'on voit, doit fon origine à une forte de cryftallifation, ou au rapprochement des parties qui ont le plus d'analogie enfemble (6).

____

(6) Les différentes variétés dans les caufes, peuvent produire différentes variétés dans la cryftallifa-

Je posséde deux fragmens des bancs lamelleux & comme ondulés, qui compofent le
lozange en queftion, qui ont été détachés
accidentellement de la côte, & roulés jufques dans les torrens des environs de Laufanne, où on les ramaffe pour en garnir les
murs de vignes dans certains endroits, comme à Belle-vue, & dont plufieurs ne font
prefque point altérés; ce qui donne la facilité de les bien examiner: ils ont pris à l'air
une teinte grifâtre à l'extérieur, où l'on voit
quantité de fillons longitudinaux & de peti-

tion; mais les principes fur lefquels elle eft fondée
font toujours les mêmes; or comme l'art emploie
dans celle des fubftances falines, l'évaporation &
le réfroidiffement, il y a toute apparence que la nature fuit les mêmes règles pour la cryftallifation des
corps folides du régne minéral. Ainfi, c'eft par une
évaporation naturelle que notre lozange paroit formé;
mais cette évaporation moins graduée, moins
lente, plus fimultanée & plus fubite que celle que
produit l'art, a donné une forte de cryftallifation moins
parfaite & moins réguliere: de même il paroit que
la cryftallifation du bafalte en colonnes de la Chauffée des Géans dans le Comté d'Antrim, fi connue,
de l'Ifle de Staffa, (voyez les Voyages de Troïl en
Iflande) de la chauffée de la coupe du Colet d'Aifa
en Vivarais, (voyez les recherches fur les volcans
éteints du Vivarais) & dans d'autres endroits, n'eft
due qu'au contact fubit d'une matiere volcanique en
fufion & brulante, avec un corps beaucoup plus froid,
tel que l'eau; ce qui doit le faire préfumer ainfi,
c'eft que la plupart de ces productions Bafaltiques
femblent fortir du fein des eaux, & ont pour bafe
des couches évidemment dépofées par les eaux de
la mer.

A 4

tes cavités plus ou moins grandes, de diverfes figures, qui, d'abord ont l'air d'un creufage d'infectes, qui donnent cette forme de zig-
zags dont nous avons parlé, aux couches qui
les compofent; mais en caillant ces pierres,
on voit qu'il n'eft que fuperficiel, que les
lames dont elles font formées correfpondent
aux fillons extérieurs, que les cavités dont
je viens de parler, communiquent, comme
par de petites rigolles, avec les fillons, & femblent dues à de petits enfoncemens où fe
font arrêtées des gouttes d'eau; aux deux faces qui appuyoient contre les couches avoifinantes, on voit auffi quelques cavités; les
fillons ont été effacés par le frottement ou
le laps du tems, mais on voit dans l'intérieur de la pierre, d'autres couches minces
ou lamelles qui coupent toutes celles corref-
pondantes aux fillons dont nous avons parlé,
à angles droits. Ceci confirme ma théorie
de la deffication de ces couches lamelleufes
avant celle des bancs folides qui les avoifi-
nent, & paroît être l'effet de l'humidité de
ces bancs fupérieurs, raffemblés fous forme
aqueufe dans les fentes produites par le retrait
des matieres terreufes, & coulant en gouttes
le long de la partie du lozange creufée; la
partie oppofée à celle-ci n'a point fouffert &
tout l'effort a été de ce côté, parce qu'il offroit un plan plus incliné. Mais il eft tems
de paffer à des phénomènes d'une autre nature, ceux dont je viens de parler fe renou-
vellent fi fouvent dans les montagnes, que

je craindrois d'ennuyer le lecteur, en m'y arrêtant plus long-tems.

En avançant toujours plus vers le Sud, & à un quart de lieue d'Aigle, à notre gauche, il s'offrit à nous un des plus singuliers spectacles que l'on puisse voir, & qui auroit mérité une figure, si j'avois eu dans ce moment auprès de moi un dessinateur. Dans un enfoncement formé dans la montagne, on distingue, sur la hauteur, Yvorne situé aujourd'hui plus bas qu'il ne l'étoit autrefois. Un rocher taillé à pic, se présente au-dessus de lui, & une des tours d'Aï se fait voir au-dessus de ce rocher, & semble un mur escarpé qui le couronne sur une partie de sa longueur; ces rochers paroissent remplis de crevasses, & depuis leur pied, les traces évidentes d'un éboulement; les terres accumulées jusqu'à Yvorne & formant comme des gradins arides, incultes & couverts de décombres rocailleux, qui contrastent si singuliérement avec la verdure, & les champs voisins, sont les vestiges certains d'une catastrophe des plus affreuse, qu'on ne peut méconnoître par la seule inspection des lieux. Sur ces débris pierreux & terreux, amoncelés dans certains endroits au pied du roc, ont crû des bois de melézes. C'est au terrible tremblement de terre qui eut lieu le 1. Mars 1584 que sont dues ces tristes ruines; il causa l'éboulement de ces montagnes, se fit ressentir avec violence à Yvorne, village des plus considérables & des plus riches du gouvernement d'Aigle, encore aujourd'hui, & en renversa

une grande partie, ainſi que l'availle qui venoit du haut de la montagne avec impétuoſité ; toute la partie baſſe de ce village fut
détruite, auſſi ce que l'on y voit d'habitations aujourd'hui ſe nomment les maiſons
neuves, parce que tout y a été rebâti à neuf.
Au deſſus d'Yvorne & à une lieue de-là, eſt le
village de Corbéries qui n'a pas beaucoup ſouffert du tremblement de terre, & l'availle (7)
ne l'a que peu endommagé, parce qu'étant
ſitué plus vers l'Oueſt qu'Yvorne, il s'eſt
trouvé moins expoſé à ſon action (8).

Je voulus conſidérer de plus près les effets de cette funeſte cataſtrophe ſur ces montagnes, & nous montâmes à leur ſommet.

Route aux montagnes au deſſus d'Yvorne. Nous remontâmes juſqu'à Corbéries, le
torrent d'Yvorne qui n'a pas peu contribué
aux déſaſtres de ce malheureux village, lors
du tremblement de terre ; il a conſidérablement groſſi alors, & les débris qu'il a charrié
du haut de la montagne, ont rempli ſon lit,

---

(7) Availle eſt un mot du pays qui déſigne la
chûte des débris éboulés d'une montagne.

(8) Sur les détails de cet affreux tremblement
de terre, voyez Grouner (Reiſen durch die merk-
würdigſten gegenden helvetiens Tome I. page 92.
Scheuzer natur geſchicte des Schweizerlandes Tom.
I. page 189, & ſa natur hiſtorie des Schweizerlandes Tome I. pag. 131 & 132.) Au reſte cette contrée eſt très-ſujette aux tremblemens de terre, &
l'on nous dit même à Yvorne, qu'on y en avoit reſſenti un aſſez marqué la veille de notre arrivée (le
7 Juillet 1783) à 5 heures du ſoir, & un très-foible
dans une partie du bourg d'Aigle, le 6 de Juillet.

& l'ont forcé à se diviser en plusieurs petits bras, qui même à présent y rendent les chemins humides, boueux, pierreux & difficilement praticables; ce torrent bourbeux descend ainsi jusqu'au Rhône où il se perd.

Comme la montée étoit un peu rude & la matinée fort chaude, nous fumes très-charmés & très-heureux de rencontrer entre Yvorne & Corbéries, quelques fontaines d'une eau fraiche & limpide, auprès desquelles nous pumes nous reposer & nous rafraîchir. C'est une de ces voluptés que l'on ne connoît bien que quand l'on a gravi les montagnes, & la simple eau que l'on boit alors, est plus savoureuse & plus délicieuse que les nectars les plus précieux que l'on sert à la table des grands.

Nous arrivâmes en marchant, à une lieue du village de Corbéries, à la montagne de la prase de l'Uva, qui est un vallon charmant, environné par-tout de hauteurs herbeuses & boisées, couvert d'une verdure qui forme un excellent paturage, d'arbres & de troupeaux, traversé par deux belles sources contenant d'excellentes eaux, & où l'on voit un fort petit lac, mais assez profond, à ce que l'on nous a dit, où le torrent d'Yvorne prend sa source. Le vallon se dirige du Sud-Est au Nord-Ouest; en face du vallon au Sud-Est, sont les montagnes nommées les ruines de Planfercon & le Sé-de-Sodar, dont les sommets sont terminés en forme de pics ou pointes entre lesquelles on en voit de plus petites, qui, examinées avec soin, font voir

tous les veftiges d'une rupture qui a inter-
rompu dans cet endroit la continuité des
couches de ces montagnes ; l'on diftingue
encore parfaitement leur premiere direction,
& l'on voit fort bien celles d'une des pointes, correfpondre à celles de l'autre : toutes
les couches de ces deux montagnes, font encore des témoins non équivoques qui dépofent combien la cataftrophe qui les a ébranlées, a été prodigieufe ; elles ont été toutes
décompofées, & ce qu'il y a de bien fingulier, fendues non feulement dans le fens de
leur direction qui eft plus ou moins horifontale, mais encore verticalement, de maniere à préfenter de loin la figure d'un mur
de briques, les fentes étant en effet affez
proches les unes des autres pour les divifer
en piéces cubiques ou paralellogrammatiques,
comme les briques dans certains endroits.
Ces couches offrent quelquefois des formes
affez irrégulieres, & celles de Sé-de-Sodar
qui font un peu inclinées à l'horifon, font
caverneufes.

L'availle occafionnée par le tremblement
de terre dont nous avons parlé, a commencé par l'éboulement d'une peloufe qui tenoit
au roc de ces montagnes qu'elle recouvroit,
dont une partie n'a fait que glifer plus bas,
& y refte encore attachée aujourd'hui ; auffi
on y fauche encore de beau foin.

Nous vinmes au Nord de l'Uva au mont
de Tompa, qui préfente un enfoncement
en forme de vallon couvert de bons paturages, de bois & de chalets, comme l'Uva.

La matinée étant fort claire & fort belle, nous pûmes tout à notre aise jouir de la variété & de la beauté des points de vue qui s'offroient à nos yeux; au Nord de ce vallon, nous distinguâmes la partie de la côte riante du lac de Geneve, où sont situées Lausanne, Morges & Rolle; & de l'autre côté St. Gingouph & une partie des sables de l'embouchure du Rhône, avec une partie du cours de ce fleuve que l'on y voit serpenter majestueusement, en se divisant en plusieurs bras; de l'une des sommités qui dominent le Tompa, se présente un coup d'œil plus sauvage, une simple vue de montagnes, & plonge dans le vallon élevé, bordé par les monts d'Oriol, le Folia &c. dont la partie contre Tompa, appartient au gouvernement d'Aigle, & est ornée d'un petit lac, ou plutôt réservoir fort profond & poissonneux à ce que l'on dit, & sur lequel le peuple fait plusieurs contes : l'autre partie appartient aux monts de Vevay & de Montreux; un ruisseau passe au milieu & sert de limites à toutes les deux. L'une des pointes du Tompa qui présente un rocher nud, comme sortant du sein de la riante verdure qui embellit cette montagne, offre une pierre calcaire grise (celle des autres pointes de cette montagne est noire) en feuillets pyramidaux, en forme de feuilles d'artichaux, forme que Mr. de Saussure prétend avoir observé généralement dans toutes les montagnes granitiques. (9)

____

(9) Voyages dans les Alpes. Chap. X. p. 500. in-4°.

Nous defcendimes enfuite au pied des monts de Planfercon, Mandrai & Sé-de-Sodar où il eft la peloufe boifée qu'ils ont formée par leur éboulement, & nous fumes témoins d'un fingulier phénomène produit par la pofition refpective des pointes ifolées & féparées par le tremblement de terre des fommités de ces montagnes : ce phénomène eft un double écho; nous avions avec nous un berger à qui nous faifions répéter plufieurs fons ifolés de fon inftrument; lorfqu'il produifoit un feul fon, l'écho répétoit avec force, étoit fuivi enfuite d'un autre écho plus foible; fi deux fons différens étoient promptement articulés, ils étoient répétés par l'écho, non tels qu'ils étoient partis de l'inftrument, mais en forme de tremblement; fi ces fons fimples étoient diftinctement & lentement prononcés d'abord l'un après l'autre, l'écho les répétoit à la fois en forme d'accord parfait, s'ils étoient propres à en former un enfemble , & très-diffonans, s'ils ne l'étoient pas.

Singulier écho.

Il eft à obferver que les couches inférieures de la montagne de l'Uva, dans l'endroit où elle prend le nom de Chable rouge, font coupées par une veine épaiffe, d'une pierre marneufe, noîre, bitumineufe, polie à fa furface, expofée à l'air & reffemblant au charbon pour lequel on l'avoit prife , voulant même l'exploiter comme telle; elle forme des couches plus ou moins minces, coupées de veinules jaunes de fpath & de félénite. (10)

____

(10) Cette pierre eft recouverte en quelques en-

Après avoir rempli notre but, en visitant les montagnes au dessus d'Yvorne, nous redescendimes pour continuer notre route jusqu'à Aigle, où nous fumes bien charmés de nous voir arrivés pour prendre quelque repos.

---

droits, de petites lamelles spathiques calcaires, ou séléniteuses, extrêmement minces, ne formant que comme une espece de pellicule d'un blanc jaunâtre, qui dissoutes par l'acide nitreux, laissent à découvert de petites pailletes de couleur d'or du plus beau brillant métallique. Lorsque cette pierre est pulvérisée, elle prend une couleur brune; la calcination lui donne aussi une couleur d'un gris brun : une partie de cette pierre contre deux de borax, se fond facilement au feu, & donne un verre poreux, comme toutes les pierres argilleuses, d'un gris verdâtre & qui surnage à l'eau. Lorsqu'on ne verse dessus cette pierre (après l'avoir pulvérisée) de l'acide nitreux que jusqu'au point de saturation, il en résulte une violente effervescence & une dissolution presqu'aussi épaisse que de la poix fondue ; mais une plus grande quantité d'acide donne une dissolution ordinaire, & il reste toujours une partie insoluble.

CHAPITRE II.

Voyage d'Aigle à Bex. Rochers de St. Triphon & de Charpigny.

D'Aigle, je continuai ma route vers Bex, mais je voulus auparavant visiter les rochers de St. Triphon & de Charpigny, & sur-tout les monts Anzeinde & Cheville, que je savois avoir éprouvé un éboulement considérable, & où Mr. Buache, dans une carte faite pour servir à un mémoire de Mr. Guitard, inséré dans ceux de l'Académie Royale des Sciences, (11) & Mr. Grasset, Libraire à Lausanne, dans la carte générale de la Suisse qu'il a fait graver, ont fort mal-à-propos placé un volcan.

A un quart de lieue d'Aigle, à la gauche du grand chemin, on apperçoit vis-à-vis l'un de l'autre, les rochers isolés de St. Triphon & Charpigny. St. Triphon est une colline fort allongée, haute d'environ une trentaine de pieds, se dirigeant du Sud-Ouest au Nord-Est, & ayant à peu-près la forme d'une ellipse qui s'élargit du côté de l'Ouest & se rétrécit vers l'Est, où elle forme une pointe à son sommet, au haut de laquelle est la vieille tour de St. Triphon, res-

St. Triphon.

te

(11) Voyez les Mémoires de cette Académie pour l'année 1752.

té antique d'un monument romain où l'on déchifre à peine une inscription latine. Ce fommet garni de bois & de prés cultivés, s'enfonce vers fon milieu & s'éleve un peu vers fes bords. Ce roc eſt coupé preſque à pic des deux côtés & à fes deux extrêmités. Le village de St. Triphon eſt fitué préciſément au deſſous de la vieille tour.

Charpigny, à-peu-près de la même figure & hauteur que St. Triphon, paroît cependant bien moins élevé, parce qu'il eſt plus enfoncé dans un creux aſſez profond & fort riant, creuſé dans la plaine, où fa baſe eſt environnée d'arbres & de gras pâturages ; il fe dirige du Nord-Oueſt au Sud-Eſt. Sa face tournée vers St. Triphon eſt en pente aſſez douce, tandis que la face oppoſée & fes deux extrêmités font eſcarpées ; un champ qui peut avoir 500 pas de largeur, & qui s'étend juſqu'au creux ci-deſſus mentionné, fépare ces deux monts.

Ces deux rochers ainſi entiérement iſolés & dans une plaine auſſi unie que celle de la vallée du Rhône, doivent fans doute paroître des objets bien dignes d'attention & bien finguliers pour un naturaliſte. On peut cependant, ce me femble, préſumer, en voyant leurs faces eſcarpées vers l'Oueſt & l'Eſt, & vers leurs extrêmités, qu'ils tenoient autrefois par ces endroits l'un à l'autre, & aux rochers qui bordent le grand chemin à la droite, & formoient en quelque forte une pointe avancée, qui fe terminoit en fer à cheval, & qu'ils ont été féparés des rochers, & l'un

Charpigny.

Conjecture fur leur production.

B

de l'autre, ainſi qu'on les voit aujourd'hui, par la force du courant marin qui a miné la vallée du Rhône. Au reſte, ces rochers ſont compoſés de bancs épais d'un beau marbre gris-brun, dont on a ouvert une carriere à St. Triphon ; ce marbre fait voir de tems en tems des fragmens blancs de très-petites trochites ; mais ces pétrifications y étant extrêmement rares, & cette pierre étant une des plus dures & des plus compactes de ce genre, on peut bien la regarder, ſinon comme pierre calcaire primitive, du moins comme étant de formation bien antérieure à celle des marbres conchites ordinaires dont le grain & la dureté moyenne annoncent la nouveauté (12).

Pierres dont ſont compoſées ces hauteurs.

---

(12) Toutes les diviſions des corps des trois régnes de la nature ont leur déſavantage ; & celle des ſubſtances pierreuſes en primitives & ſécondaires, n'eſt pas moins défectueuſe ; on voit autant de nuances dans les pierres de l'origine la plus reculée que dans celles de formation nouvelle ; les pierres graniteuſes, par exemple (j'entends par cette dénomination, celles compoſées de grains étroitement unis entr'eux) different par la dureté & leur conformation : les unes préſentent des maſſes preſqu'informes & compoſées de feuillets irréguliers & plus ou moins verticaux ; d'autres, qui ſont cependant également conſidérées comme roches primitives, préſentent des maſſes plus régulieres & compoſées de couches ou perpendiculaires, ou inclinées, ou même quelquefois paralelles à l'horiſon, & qui elles-mêmes ſont formées de lamelles plus ou moins étroitement jointes enſemble ; tels ſont la plupart des

CHAPITRE III.

Excursion à la montagne de Grion & au mont Anzeinde. Vestiges d'éboulemens.

AU lieu de suivre le grand chemin, nous nous écartâmes de la route ordinaire pour nous rendre par une matinée d'une chaleur

---

faxums *. Les pierres calcaires de la plus haute vétusté, varient moins entr'elles que les pierres graniteuses, parce que leur pâte est plus homogéne; elles font toutes de la nature du marbre, leur grain est plus dur & plus compact que celui des marbres conchites ou fécondaires; elles ne contiennent point de vestiges de corps marins; ou ces vestiges confervés par quelque circonftance locale, inconnue lors de leur formation, y font fi rares, fi peu fenfibles, fi difperfés, qu'ils n'altérent point l'homogénéité de la maffe entiere & ne peuvent par conféquent lui faire perdre tous fes droits à une haute antiquité; tel est

* Il est de ces faxums, dans lefquels l'union des feuillets qui les compofent eft fi intime, qu'il faut la plus grande circonfpection pour pouvoir les reconnoître & leur affigner leur vraie place dans le genre nombreux des roches: ces exemples font fréquens dans la roche quartzeufe feuilletée & micacée. L'obfervateur attentif verra donc la nature paffer gradativement, des pierres graniteufes les plus dures & en maffes, aux pierres graniteufes en couches; & de même il faifira le paffage de ces dernieres en couches compactes & étroitement unies enfemble, aux pierres graniteufes en couches fragiles & à peine adhérentes les unes aux autres.

B 2

accablante, à la montagne de Grion, qui fait partie de celles du gouvernement d'Aigle, & de la chaine qui borde la vallée du Rhône à l'Eſt, & qui eſt contiguë aux Ormonds deſſus, qui ſéparent le gouvernement d'Aigle d'avec le Canton de Fribourg. Cette montagne eſt compoſée de gyps, (il eſt ici ondulé & de même nature que le grignard des François, Stalactites Gypſoſus. Wall. Sp.

Mont Grion.

---

le marbre d'Ollond; elles prennent auſſi comme les roches graniteuſes des formes plus ou moins régulieres; ce ſont ou des maſſes qui paroiſſent preſqu'informes au commun des hommes, ou des bancs plus ou moins horiſontaux & réguliers. Il n'en eſt pas de même des pierres calcaires plus nouvelles; elles ne varient guères pour le ſite de leurs couches dans les montagnes, qui ne s'écarte qu'accidentellement de l'horiſontal, mais elles varient beaucoup pour la matiere; elles ſont d'un grain plus ou moins groſſier, ſouvent mélées de particules hétérogènes, brillantes, ſpathiques, qui interrompent la continuité de leurs parties, leur donnent un tiſſu plus lâche, & les rendent plus ou moins fragiles ou caſſantes; ſouvent même il entre des particules quartzeuſes dans leur compoſition, qu'on reconnoît difficilement à l'œil nu, mais qui deviennent ſenſibles par les étincelles qu'on en tire au moyen du briquet d'acier, & par leur vitrification au feu de fuſion. Les pierres calcaires different en un mot & varient entr'elles par une infinité de nuances, qui ſemblent autant de paſſages de la nouveauté la plus ancienne, s'il m'eſt permis de m'exprimer ainſi, juſqu'à l'époque de leur formation la plus moderne; nuances bien plus marquées que dans les pierres primitives, que le naturaliſte ſaiſit fort bien, mais qui ſeroient trop longues à décrire.

420) qui commence à paroître à un peu plus d'un quart-de-lieue d'Aigle, & fe montre encore à Bex; la Grione y prend fa fource & fort d'un petit lac.

Ce fut Mr. le Doyen de Coppet, à Aigle, dont je ne puis affez reconnoître les honnêtetés, qui nous conduifit au village de Grion dont M. fon frere eft miniftre. Ces Meffieurs eurent la complaifance de me mener à plufieurs de ces fameufes excavations plus ou moins grandes & profondes, de forme circulaire, ovoïde ou irréguliere, connues dans le pays fous le nom d'entonnoirs, & que la manie du merveilleux & l'ignorance des phénomènes journaliers, a fait prendre à quelques efprits enthoufiaftes & peu obfervateurs pour les produits d'un feu fouterrain. Cependant, fi l'on fe fouvient de ce que nous avons dit, que cette montagne eft compofée de gyps, fi l'on fait que cette forte de rocher, à caufe de fon peu de dureté, eft fujette à être traverfée intérieurement de fentes & de cavernes, ou formées par les eaux fouterraines, ou qui leur donnent accès; fi en outre on a appris par l'infpection du local, que ces entonnoirs du gouvernement d'Aigle, (fur-tout les plus réguliers) ne fe rencontrent guère que fur le penchant, ou près du pied des côteaux que forme la montagne, il fera facile de concevoir que les eaux qui s'infiltrent dans les ouvertures intérieures du roc, venant à miner de plus en plus fes couches inférieures & à les morceler,

les fendiller, celles qui font au-deſſus s'écrou-
lent à la profondeur où elles ont été minées,
faute de point d'appui, & entraînent avec
elles la terre & l'herbe qui les couvroient; peu
à peu elles ſont entiérement comblées par
les terres apportées par les eaux de pluyes
du haut de la côte, ſur le penchant de laquelle elles ſont ſituées, & le poids de ces
terres & les nouvelles cavernoſités qui ſe
forment avec le tems au-deſſous, produiſent
des éboulemens de plus en plus conſidérables; c'eſt donc ainſi que la montagne s'a-
baiſſe & ſe détruit peu à peu, & s'écroule
ſur ſes propres débris; il ſe produit jour-
nellement de ces entonnoirs, non ſeulement
dans cette montagne, mais dans toutes celles & dans toutes les parties du gouvernement d'Aigle dont le ſol eſt gypſeux, dans
des endroits où il ne paroiſſoit aucun indice
d'un éboulement prochain quelques inſtans
auparavant; il y en a pluſieurs au-deſſus &
au-deſſous du village de Grion, qui, comme
tous les autres villages ſitués au haut de
cette montagne, riſquent fort d'être un jour
engloutis par ces éboulemens.

Beau point de vue. L'hoſpitalité de nos bons hôtes ayant exigé
que nous nous repoſions chez eux des fatigues
de la journée, j'eus tout le loiſir d'admirer
en même temps le beau point de vue qui
s'offroit à moi depuis le ſolitaire & cham-
pètre azile du Miniſtre de Grion; je voyois depuis ma fenêtre les hautes cimes de la dent
du midi, dont le ſommet eſt toujours doré

par les rayons brûlans du midi; (13) &
celles de la dent de Morcle appartenantes au
Vallais, cette derniere faifant partie de la
chaîne qui borde la vallée à la rive droite
du Rhône & dont le mont Grion eft une
dépendance; on diftingue le glacier du Mar-
tinet où fe trouve une des fources de l'A-
vançon qui fe joint aux environs de Bex avec
un autre bras venant du mont Anzeinde;
puis la Dent rouge, le petit Meuvron, qui
ne paroît que comme une pointe ifolée entre
la Dent rouge & le grand Meuvron, où l'on
voit un grand glacier & les diablerets, dont
on ne découvre d'ici que quatre de fes pointes; toutes ces montagnes, qui portent le caractère fublime de la plus haute vétufté, ont
leurs fommets couverts de neiges & de glaces.
Au-deffous du mont Grion eft le vallon riant
de Criniere, dont les charmantes prairies,
les côteaux verdoyans & boifés, les chalets
répandus par ci par-là, délaffent fi agréablement l'œil fatigué du fpectacle impofant &
majeftueux des hautes montagnes qu'on a
devant foi.

Avant de quitter Grion, il eft bon d'obferver, que je trouvai au-deffus du village,
une maffe roulée, immenfe & ifolée, d'un
roc calcaire, blanchâtre & lamelleux; j'avois
auffi trouvé en allant au mont de l'Uva,
dont il a été parlé dans le premier Chapitre
de cet ouvrage, plufieurs maffes roulées,

---

(13) Cette montagne eft élevée de 1945 toifes au
deffus du niveau de la mer, felon Mr. de Luc.

mais beaucoup moins confidérables que celle-là, qui préfentoient des fragmens de bré-
Cailloux
roulés. ches (Breccia Saxofa Wall. Sp. 224) de granit
& d'autres pierres primitives, tandis que je
n'avois vu aucun fragment pierreux dans la
plaine de la vallée, excepté quelques-uns plus
ou moins anguleux au pied des montagnes,
dont ils ont été détachés par le gel, l'infil-
tration des eaux, ou autres accidens; où d'autres, roulés par les torrens dans le lit defquels on les trouve (14).

Hauteur
de Grion. La hauteur de Grion, prife à la cure du
même nom, eft, felon les obfervations de
M. Wild, de 1900 pieds, ou de 316 toifes, 4 pieds au-deffus du niveau du Rhône (15).

---

(14) Cette obfervation eft d'autant plus finguliere
que dans plufieurs endroits de la Suiffe, les plaines
& les collines graifeufes peu élevées, font remplies
de ces maffes roulées. On pourroit peut-être croire
que dans plufieurs endroits, tels que le lac de Genève
& fes environs, le grand courant qui a apporté ces
cailloux roulés, (voyez le Voyage dans les Alpes,
pag. 151 & fuiv.) ayant trouvé une plus grande furface, il a pu s'élargir, & par conféquent, perdant
de fa rapidité & de fa force, a été obligé de fe dé-
faifir de ces corps pefans qu'il tenoit fufpendus;
mais d'où viennent donc alors les immenfes fragmens de roches primitives que l'on trouve perchés
à de grandes hauteurs, dans les montagnes des chaines du Jura?

(15) J'ai été obligé de me fervir de ces obfervations que Mr. Wild, Capitaine général des mines,
& Directeur des falines à Bex, a bien voulu me con-
fier, ayant eu le malheur de voir mes propres inftrumens dérangés par le caprice imprévu d'un mulet que je croyois fûr, & que je menois avec moi.

Après avoir demeuré un jour à Grion, nous dirigeâmes notre courſe vers le mont Anzeinde, à trois lieues d'ici. Un chemin fort beau & fort large, quoique fatiguant, conduit d'abord au vallon de Serniémin, formé à notre droite par le mont Argentine, haute montagne calcaire, qui ne préſente qu'un roc nud & eſcarpé, qui s'élève au-deſſus des montagnes en pentes douces, couvertes de verdure & de bois, nommés les monts Bovona; à notre gauche ſe préſente vis-à-vis de l'Argentine le rocher de la Tour, encore plus haut, & de même ſtérile & eſcarpé; il ſe prolonge juſqu'aux Diablerets, que l'on diſtingue fort bien d'ici, devant ſoi. *Départ de Grion.*

Non loin du vallon de Serniémin, & avant que d'y arriver, eſt une côte haute d'environ une trentaine de pieds, qui s'élève en ſe prolongeant vers le mont de la Tour auquel elle eſt contiguë; c'eſt un roc calcaire, noir, fort ſingulier, qui ne préſente qu'une maſſe taillée à pic, ſans apparence ſenſible de couches, & ondulé ou creuſé par des ſillons verticaux, larges & profonds ſur toute ſa largeur; mais ces ſillons ſont irréguliers, à diſtances inégales les uns des autres, & forment des ondulations ſans ſymmétrie & ſans ordre. *Rocher ſingulier.*

En s'élevant toujours de plus en plus, on arrive au vallon de Salilé; ici les montagnes à notre droite, compoſées d'une pierre calcaire noire, ſont formées de feuillets verticaux & plus ou moins pyramidaux; à notre gauche au contraire, les rochers qui ſont le *Le vallon de Salilé.*

prolongement de la Tour, offrent, comme toute cette montagne, des bancs horizontaux: les vallons de Serniémin & de Salilé, comme tous ceux qui fe trouvent ainfi placés dans les montagnes, à une hauteur un peu confidérable, font très - rians, garnis d'excellens pâturages, de beaux bois de melézes aux piés des monts & fur leur penchant (16), & de chalets difperfés par-ci par-là.

Mont An-
zeinde.

En quittant le vallon de Salilé, on commence à monter le mont Anzeinde proprement dit, en cotoyant toujours l'Avançon; & l'afpect qui, jufqu'ici avoit été fi agréable, change tout-à-coup & devient trifte & fauvage; ce ne font de toutes parts que des maffes inacceffibles de rocs pelés, élancés dans les airs, & dépouillés de l'aimable verdure qui les embelliffoit auparavant; point de bois, point de variété, point d'habitations. On obferve alors que les couches calcaires peu épaiffes des rochers, à la gauche du voyageur, fe changent en lamelles minces & fra-

Change-
ment dans
les cou-
ches des
monta-
gnes.

giles, entre lefquelles font interpofées des couches en lamelles également minces d'un

---

(16) Les melézes habitent les hauteurs des montagnes auxquelles elles donnent un air de mélancolie; les pins & les fapins communs fe préfentent fouvent dans les vallées, garniffent les hauteurs fablonneufes & rempliffent les contrées froides; mais les plaines & les côteaux fertiles de la Suiffe, placés dans le centre du pays & loin des montagnes qui les environnent, font voir par-tout le robufte & fuperbe chéne.

fchifte noir , fragile & friable (17): ici les bancs horizontaux confervant leur premiere pofition , fe changent feulement en feuillets qui ont perdu leur premiere épaiffeur ; mais un objet bien plus frappant fe préfente tout-à-coup à l'obfervateur ; dans les chaines à fa droite , à mefure qu'il approche des Diablerets ; ces rochers, dont la maffe fembloit fi folide , que le laps du tems n'a pu les ébranler, & compofés de feuillets épais, affectant la forme pyramidale, & plus ou moins verticaux, changent également ici de forme & de nature ; & ces gros feuillets pierreux contigus entr'eux & dont on ne voit point la ligne de féparation, ne font plus que des lames minces, mêlées de fchifte fragile & paralelles ou légérement inclinées à l'horizon. C'eft à ce fchifte bitumineux & à des couches de charbon de terre, à travers defquelles elles paffent, que font dues la noirceur & l'amertume des eaux d'un ruiffeau que l'on rencontre plus haut & qui fe joint à l'Avançon, qui coule au pié des Diablerets, & préfente le même phénomène dans certains endroits.

Effet produit par ce fchifte fur les eaux.

Le fommet du mont Anzeinde offre un plateau peu finueux , couvert des débris éparpillés & plus ou moins confidérables des Diablerets : nous nous trouvâmes bien heureux de nous voir enfin arrivés au terme

---

(17) Schiftus fragilis. Wall. fp. 160. Sift. min. Tom. 1.

d'une montée fatiguante, après trois heures de route dans la plus grande chaleur du jour; nous nous rafraichîmes au bord de l'Avançon, où nous fîmes un repas de montagne avec du pain & de l'eau : je ne fus pas longtems à m'appercevoir que tous les bords de cette riviere étoient jonchés de pétrifications ; c'étoient fur-tout de petites trochlites tuberculeufes ; j'y remarquai auffi en moindre quantité de petites turbinites également tuberculeufes, des petites ftrombites, des néritites (18), des fragmens d'oftreopectinites. Ces corps marins ont été détachés & dépofés ici par les eaux, ils fe trouvent en quantité dans la pierre calcaire lamelleufe qui borde cette riviere, & qui tantôt s'enfonce fous terre, & tantôt fe montre à nud ; on prétend auffi qu'il règne une couche pareille & remplie des mêmes pétrifications au fommet des Diablerets.

Pétrifications au fommet du mont Anzeinde,

Les bords de l'Avançon à fa rive gauche donnent auffi des indices de charbon minéral : un homme du pays, chercheur de mines, fur lefquelles il fondoit de grandes efpérances, avant de les avoir trouvées, avoit

Charbon mineral découvert au bord de l'Avançon.

---

(18) Les fig. 4 & 5 de la planche qui fe trouve à la fin de ces voyages , reprefentent une de ces petites neritites, qui offre l'accident bien intéreffant d'un petit cruftacé, renfermé dans la coquille & pétrifié avec elle ; il eft un peu comprimé & defiguré.

creufé ici ces bords à environ trois ou quatre piés, & il nous montra des échantillons qu'il avoit retirés de cette fouille ; c'étoit un charbon chifteux très-friable ; il avoit peut-être raifon de compter fur une mine de charbon de pierre compacte, s'il eût pu pouffer fon travail à une plus grande profondeur ; mais comme ces bords de l'Avançon font peu élevés au-deffus du niveau des eaux , pour peu qu'elles croiffent, ils fe trouvent inondés & comblés , ce qui rendroit l'exploitation de cette mine difficile : le même homme nous montra auffi un petit morceau de jayet qu'il avoit trouvé dans la même fouille.

Près de l'Avançon encore , j'obfervai plufieurs blocs de rocs immenfes & anguleux ; un d'entr'eux haut de fix à fept pieds & d'une groffeur prodigieufe, fait voir une veine fort mince d'une mine de fer blanche fpathique (19), en cryftaux jaunâtres teffulaires (20). Toutes

Blocs détachés des rochers mine de fer blanche.

---

(19) Je dis ici mine de fer blanche fpathique, parce qu'il eft des mines de fer en maffes , nullement cryftallifées , qui doivent cependant conferver la dénomination de mines blanches, à caufe de la parité parfaite qui exifte entr'elles & celles d'apparence fpathique, tant pour leur maniere de fe conduire dans les effais, que pour leur richeffe.

(20) Selon M. Sage , (Mém. de Chymie , anal. de la mine de fer fpat. p. 193 & fuiv.) la mine de fer blanche eft une efpèce de fel neutre, produit de la combinaifon de l'acide marin & du fer, par l'intermede d'une matiere graffe ; il attribue la même origine à toutes les mines d'apparence fpa-

ces groffes maffes font voir évidemment par
leurs formes extérieures, & la diftance où
elles fe trouvent de ces montagnes, qu'elles ont été détachées par une force prodigieufe, & par une révolution des plus ancienne, des glaciers du Panei-roffa, ainfi nommés, parce que l'on y diftingue une petite
plaine renfermée par de hautes pointes de
rochers, & couverte toute l'année de neige;
auffi le chercheur de mines que nous avions
rencontré ici nous dit, qu'il avoit vu une
mine de fer pareille à celle dont je viens de
parler, dans les rochers contre le glacier de
Panei-roffa, inexploitable à caufe de fon peu
d'acceffibilité.

J'obferverai que les maffes immenfes en-

---

thique; il paroît cependant que dans la plupart de
ces mines, l'acide marin s'y trouve accidentellement, & non point comme principe effentiel; ce
que le favant M. Spielmann de Strasbourg, paroît
avoir évidemment prouvé à l'égard des mines de
plomb blanches; (Voyez le journ. de phyf. tom. 4.
p. 453.) quant à l'acide marin, qu'on obtient par
la diftillation des mines de fer blanches, il ne me
paroît uniquement dû qu'à la decompofition du fel
marin, que contiennent la plupart des fubftances
calcaires; & le phlogiftique avec lequel on les
trouve combinées après cette opération ou celle
de la calcination, ne leur étoit point uni auparavant, puifqu'elles ne deviennent attirables à l'aimant qu'après avoir fubi l'action du feu; ce phlo-
giftique n'eft donc dû qu'à la matiere graffe animale, furabondante, intimément combinée avec
les fubftances calcaires, qui ne font elles-mêmes

traînées à un pareil éloignement des montagnes, dont elles faisoient partie, & qui
se retrouvent dans plusieurs endroits de ces
montagnes, ne peuvent point être dues à
des éboulemens, qui causant la chûte des
rochers, les dispersent en fragmens plus
ou moins petits & les réduisent en partie en
poussiere. L'on reconnoît ici les effets d'une
cause plus puissante; il n'est que les eaux
de la mer qui ayent pu enlever des blocs
pareils, & qui se trouvant arrêtées dans leurs
cours, les ont déposés quelquefois à une assez grande distance de leur lieu natal. Ceci
doit faire présumer que le courant de la mer
qui a apporté une si grande quantité de cailloux roulés, à des éloignemens plus ou moins
grands, soit dans les Alpes mêmes, soit dans

Considé-
rations
sur les
grands
fragmens
détachés
des mon-
tagnes.

que les produits de la décomposition des corps marins du règne animal. Il paroît donc que la mine
de fer blanche n'est essentiellement composée que
de fer uni à la matiere calcaire, ainsi que le prétendent aussi la plupart des minéralogistes; combi-
naison que l'art n'a pas encore pu imiter; car celle
produite par M. Sage, par la distillation de la li-
maille de fer avec l'acide marin & le sel ammo-
niac volatil, est bien différent de notre mine: c'est
un vrai sel qui se dissout dans l'eau, qui se dé-
compose au feu &c. Toutes les mines de fer blanches, au contraire, & celle même de Baygorri,
sur laquelle M. Sage a fait ses essais, ne sont point
solubles à l'eau, mais se dissolvent avec une violente effervescence dans les acides qu'elles colo-
rent; elles ne sont point attirables à l'aimant avant
la calcination, mais le deviennent après cette opération &c.

les vallées du Jura & à des hauteurs affez
confidérables, n'elt point le produit fpontané
*d'une violente fecouffe du globe, qui caufa la
rupture d'un grand nombre de rochers*, & à
laquelle rien n'auroit dû réfilter, comme l'a
penfé le favant naturalilte de Genève, M. de
Sauffure. Il elt plus naturel de penfer, (opinion confirmée par les obfervations confi-
gnées dans les chapitres fuivans) que la maffe
totale des rochers qui conftituent les Alpes,
étant très-différens entr'eux par leur nature,
& compofés prefque, des leur formation, de
fubftances hétérogènes, molles & tendres;
cette maffe fur laquelle la preflion des couches fupérieures, la deflication intérieure &
plufieurs autres caufes agilfoient inégalement,
dût être inégale, raboteufe & remplie de fi-
nuofités très-marquées dès lors: la mer n'a
pu les miner quelentement & en raifon des obf-
tacles plus ou moins grands qu'elle a dû rencontrer, dans un affemblage de matieres fi
peu homogènes; les premiers gros fragmens
détachés de ces coloffes pierreux, n'ont pu
faire un grand trajet, & refferrés entre des
maffifs folides & plus élevés qu'eux, ils font
reftés, comme nous l'avons remarqué dans
l'exemple ci-deffus, dans cette enceinte, &
font aujourd'hui les feuls monumens refpectables des premieres dégradations de ces montagnes; dans les endroits où de pareils obf-
tacles ont offerts affez de prife & affez peu
de réfiftance aux eaux, pour en être attaqués
& détruits, les anciens & les nouveaux débris ont été entraînés plus ou moins loin,

plus

plus ou moins roulés, plus ou moins dété-
riorés, selon l'éloignement du nouvel obſta-
cle qui les a arrétés , & le creuſage a été
d'autant plus grand, que les maſſes ſur leſquelles il s'opéroit, étoient plus facilement
décompoſables & offroient dē plus grandes
ſinuoſités : le courant en queſtion ; malgré
ſon énormité, ne nous paroit donc dù qu'à
une éroſion lente & ſucceſſive dès rochers
de ces montagnes par les eaux de la mer :
mais revenons au mont Anzeinde dont cetté
diſcuſſion nous a éloignés pour un moment.

Il eſt à obſerver que les rochers des glaciers du Panei-reſſa ſont ici les ſeuls qui
ſoient formés de feuillets verticaux, ſemblables à ceux dont j'ai parlé plus haut.

En avançant vers l'extrēmité du ſommet
du mont Anzeinde, nous ne fûmes pas long-
tems ſans appercevoir les étonnantes traces
du prodigieux éboulement qui a fait croire
à l'exiſtence d'un volcan ici ; ces traces ſont
pluſieurs éminences hautes environ de 40
à 50 pieds, & d'une circonférence conſidérable, formées des débris pierreux & des terres
écroulées du haut des Diablerets, au pié deſ-
quels elles ſe trouvent, & qui, par la ſuite
des tems, ſe ſont couvertes de verdure ; ces
débris ſe ſont portés juſqu'au vallon de Lizerne, entre les monts Anzeinde & Cheville ;
appartenans au haut Vallais, où au lieu d'une
plaine riante & boiſée qu'on y voyoit autrefois, l'œil ne découvre plus que le triſte
tableau de la deſtruction ; ce n'eſt plus qu'une
gorge étroite & ſtérile, remplie de débris

C

de pierres & d'arbres qui ont détournés la Lizerne & comblés en partie son lit, près de la place duquel il exiſte aujourd'hui un petit lac : ces funeſtes effets ſont dûs à l'éboulement d'une partie de la cinquieme pointe des Diablerets, que nous voyons ici préciſément au-deſſus de nous, l'an 1714, qui non-ſeulement a dépouillé cette contrée de ſes charmes, mais a encore cauſé la perte d'une quantité prodigieuſe de troupeaux qui paiſſoient tranquillement, ou ſur le haut du mont Anzeinde, ou dans la vallée au-deſſous (21). Il eſt même étonnant, qu'après un accident pareil, les paſteurs des environs n'en ayent point été effrayés, & continuent chaque année à y amener leurs troupeaux, vû que tout annonce la ruine de cette cinquieme pointe, & que même aujourd'hui deux longues fentes verticales dans ſa face éboulée, préſagent une cataſtrophe prochaine. Il eſt facile de concevoir que les Diablerets étant compoſés des mêmes couches calcaires & ſchiſteuſes, fort minces, que les autres rochers que l'on voit ici, étant d'ailleurs la plus haute montagne du gouvernement d'Aigle, & ſa cinquieme pointe ſurtout étant expoſée aux vents, aux neiges & aux pluies, leur action & particuliérement celle des eaux qui s'infiltrent & ſe font facilément jour au travers de ces lamelles pierreuſes, peu ſoli-

Dommage qu'il a cauſé.

Pareil événement à craindre. Cauſe de ces éboulemens.

---

(21) Sur cet événement, conſultez Scheutzer, Natur. hiſt. des Schweitzerland.

des, doit les décompofer, les miner & les détruire entiérement à la longue : il règne aux environs du fommet des Diablerets, aux trois quarts à peu près de fa hauteur, une couche plus ou moins épaiffe de bon charbon de pierre, qui mériteroit affurément d'être exploitée, fi elle étoit acceffible, & qui fe prolonge même jufqu'au fommet de la Tour, où elle interrompt la continuité des bancs plus épais de la partie inférieure de cette montagne, qui domine le vallon de Salilé, & où elle eft elle-même fouvent interrompue. De l'autre côté du vallon, où coule la Lizerne, vis-à-vis les Diablerets, s'élève une pointe du mont Cheville, qui préfente encore des feuillets calcaires, épais & perpendiculaires à l'horizon (22).

Veine de charbon minéral au fommet des Diablerets.

Mont Cheville.

---

(22) Il femble que la folidité & la dureté de la pierre accompagnent ordinairement cette forme de rochers, qui approche fi fort de celle des montagnes granitiques, dont les hautes fommités font découpées en pointes, comme féparées ou brifées du corps de la montagne, & compofées de feuillets verticaux en recouvrement les uns des autres; au lieu que les couches horizontales en offrent quelquefois de très - fragiles, comme cela fe voit ici, quoique les unes & les autres foient de la même pierre calcaire, noire : il paroît encore que cette forme de pointes hériffées & plus ou moins aiguës des montagnes calcaires, de la premiere efpèce, eft due à des altérations fubies à une époque peu poftérieure à leur formation, qui eft, comme nous l'avons déja vus, bien antérieure à celle des montagnes à bancs ou à couches; elles paroiffent

La grande hauteur du mont Anzeinde eſt cauſe que la verdure commence à paroître ſi tard dans cette région froide, & y dure ſi peu, & tandis que les pâturages des vallons de Salilé & de Serniémin offrent déja une nourriture ſavoureuſe aux troupeaux, dès le printems, ce n'eſt que vers la mi-Juillet que les paſ-

avoir peu ſouffert depuis la ſuite prodigieuſe de ſiécles écoulés qu'elles ont été produites : les montagnes de la ſeconde eſpèce, au contraire, celles ſurtout à lamelles minces, d'une compoſition peu homogène, ſont ſuſceptibles d'une décompoſition, pour ainſi dire, journelle, ainſi que je l'ai dit plus haut ; leurs couches s'affaiſſent, ſe déſuniſſent, s'é-croulent, & c'eſt ainſi que dans la longue ſuite de tems, ces maſſes ſi hautes & ſi régulieres, ſe dé-truiront & ne formeront que des amas de décombres & de débris accumulés, qui à leur place, ne formeront plus que des côteaux & des collines. Ces montagnes ſi deſtructibles, préſentent ordinairement des ſommets comme morcelés, déchique-tés, formés de pointes, qui de la plaine, paroiſ-ſent peu éloignées les unes des autres, peu ſolides, & montrent évidemment qu'elles ont été produites par l'éboulement de la matiere intermédiaire qui les uniſſoit, & n'en formoit qu'une ſeule & même maſſe ; tels ſont les diablerets, les monts au-deſſus d'Yvorne dont j'ai parlé, la dent de Morcle & pluſieurs autres ; la même analogie s'obſerve encore pour les pierres graniteuſes, primitives, car le granit pur qui forme les montagnes de la plus grande vétuſté eſt difficilement & lentement deſtructible, par l'action des agens naturels, tandis que j'ai vu la roche feuilletée quartzeuſe & micacée, (Sax. Forn. Wall. ſp. 203. ſiſt. min. Tom. 1.) ſe laiſſer ſouvent décompoſer très-facilement par ces mémes agens.

teurs du canton les conduifent ici , & encore dans cette faifon même, l'on y voit
des reftes des glaces & des neiges de l'hiver,
qui blanchiffent toujours les hautes fommités des Diablerets.

Le beau jour où l'on devoit célébrer, au
haut du mont Anzeinde, la nature renaif-
fante & rajeunie, qui le paroit de fes plus
belles couleurs ; ce jour étoit le troifieme
de celui où je m'y trouvois alors , c'étoit un
Samedi 12 de Juillet : les bergers, accompa-
gnés de leurs troupeaux & des jeunes filles
du voifinage , s'y rendent en pompe , parés
de leurs plus beaux ornemens, au fon des
inftrumens & des chants d'allégreffe, & s'y
livrent aux jeux, aux danfes, & à la joie la
plus pure ; fpectacle champêtre & innocent,
dont j'euffe bien défiré d'être témoin ; mais
il falloit continuer mon voyage, & je de-
vois demeurer quelques jours à Bex ; nous
dirigeâmes donc nos pas vers ce bourg, en
revenant par le même chemin par lequel
nous étions venus, & nous y arrivâmes affez
tard.

CHAPITRE IV.

Bex. Excurſion aux montagnes du diſtriƈt des ſalines. Bâtimens de graduation.

Bex. BEx eſt un village peu conſidérable au pied des Alpes. C'eſt entre cette ville & Aigle, dans les hauteurs au Nord-Eſt de Bex, que **Diſtriƈt des ſalines.** ſe trouve le diſtriƈt des ſalines du gouvernement d'Aigle, ſur leſquelles je ne m'étendrai pas beaucoup; cet objet n'étant pas proprement du reſſort de cet ouvrage, & le célèbre Haller en ayant d'ailleurs parlé de la maniere la plus ſatisfaiſante dans la deſcription qu'il en a donné.

Le lendemain nous fumes voir M. Wild, alors direƈteur des Salines, & qui a depuis ſuccédé à l'emploi de capitaine - général des mines, qu'occupoit M. de Rovérea, ingénieur d'un grand mérite, mort depuis peu. Le gouvernement de Berne ne pouvoit aſſurément mieux choiſir, & je me fais un devoir de rendre à M. Wild le tribut public d'éloges que ſes connoiſſances méritent, & le témoignage de gratitude que je dois à toutes les honnêtetés que j'en ai reçu pendant mon ſéjour à Bex; il eut la complaiſance de nous conduire dans tous les endroits qui avoient rapport à ſa direƈtion : nous commençâmes notre tournée par viſiter les fon-

demens, hauteur au-deſſous de laquelle coule
avec impétuoſité l'Avançon , reſſerré entre
des rochers ; équipés à la maniere des mi-
neurs , nous deſcendîmes dans les galleries
qu'on y a percé ; j'obſervai en y entrant
des veines conſidérables qui coupoient en divers ſens les bancs du roc, d'un ſpath teſ-
ſulaire, jauni par le fer, dont les eaux qui
ſuintent des rochers ſont preſque partout
chargées ; en général , tout le diſtrict des ſalines fait voir des traces de la décompoſition
du fer & de l'exiſtence du ſoufre ; & entre
les petits filets d'eau ſaline qui ſuintent du
roc gris (23), & qui ont formé dans pluſieurs endroits un dépôt de ſel marin en cubes (24), on trouve encore trois ſources

Les fon-
demens.

---

(23) Je déſigne ici ce roc , compoſé de bancs
d'une pierre marneuſe , ſous le même nom que
M. Haller.

(24) M. Wild m'a aſſuré qu'on ne trouvoit ici
en aucun endroit du ſel foſſile , & en effet , je n'en
ai vu nulle part ; cependant on ne peut guères
douter de l'exiſtence d'une mine de ſel dans l'intérieur de ces montagnes : M. Wild croit qu'il
faut chercher cette mine dans les profondeurs de
la montagne de Chamoſaire ; pour moi , je ſuis per-
ſuadé qu'on doit la chercher dans les ſalines des
fondemens ; elle s'y tient ſans doute cachée à une
grande profondeur , & rien ne ſert mieux à confirmer cette idée , que l'effet produit ſur les eaux
renfermées dans le cylindre , à meſure qu'on y a
pouſſé le travail , puiſque plus on perce ce cylindre profondément & plus ces eaux ſe trouvent chargées de ſel , ainſi que le rapporte le ſavant
Haller.

C 4

ſortant du mème roc, dont une ſeule eſt ſaline & ſoufrée; des deux autres, l'une eſt
martiale & dépoſe beaucoup d'ochre de fer,
& l'autre tient en diſſolution un vrai ſoie
de ſoufre, que l'on voit ſe dépoſer contre
le rocher en forme de filets jaunâtres (25);
il n'étoit pas difficile d'après l'inſpection de
ces différens phénomènes, de conclure que
cette contrée doit abonder en ſubſtances martiales & ſulfureuſes; auſſi trouve-t-on dans
tout ce diſtrict une grande quantité de pyrites & marcaſſites ſulfureuſes.

Le cylindre qui ſe trouve enveloppé dans
le roc gris dont nous venons de parler, &
dont M. Haller a donné la deſcription, eſt
formé de couches d'une ſorte de bol, d'un
gris noiratre, propre auſſi à ſervir de terre
à foulons, & recouvert en pluſieurs endroits
de petits cryſtaux ſéléniteux, cryſtalliſés en
petits filets, raſſemblés en paquets ou en floccons flexibles & capillaires, ſemblables à des
amas de cheveux blancs (26), & impregnés
de ſel. Depuis M. Haller, on a encore pouſſé
les travaux dans ce cylindre, à 25 pieds de
profondeur; cet illuſtre Directeur lui ſup-
poſoit une forme conique, & croyoit qu'il
s'élargiſſoit vers le haut & ſe retréciſſoit vers

Le cylin-
dre.

Son état
depuis M.
Haller.

---

(25) Il y a apparence que ces eaux ſont plus
ou moins chargées de vitriol de mars.

(26) Cette cryſtalliſation eſt abſolument ſemblable à celle que j'obtins en Hollande, par l'évaporation d'une certaine eau de Leyde, dont je fai-
ſois l'analyſe & dans laquelle j'avois verſé de l'acide
vitriolique.

le bas; M. Wild lui attribue la forme d'un cône renversé, dont une partie de la circonférence feroit applatie, & d'après cette idée, il a conclu au moyen du calcul des fections coniques, qu'il ne faudroit plus creufer qu'à une cinquantaine de pieds, pour arriver vers fon fommet.

Le lendemain nous defcendîmes dans le creux du Bouillet. Ce creux profond de 700 pieds & de 300 fous le lit du Rhône, avoit, comme le rapporte le favant Haller, été creufé dans l'idée de chercher la mine de fel fous le lit de ce fleuve; (27) idée qui fembloit fe confirmer par les veftiges de fel dont on y trouvé le roc, & les cryftaux féléniteux, tranfparens, impregnés; ce qui a fait entreprendre plufieurs travaux inutiles, plufieurs percemens horifontaux dans l'intérieur de ce puits, que l'on a été obligé d'abandonner. On y a à la vérité découvert deux filets d'eau affez riches en fel, puifque d'après l'épreuve faite, l'un contient le 15

Creux du Bouillet.

_____

(27) Cette idée que M. Haller regardoit comme folle, ne devoit paroître telle que parce qu'il y avoit tout lieu de craindre de ne trouver qu'une trop petite quantité d'eau pour le but qu'on fe propofoit à de telles profondeurs, & d'expofer par conféquent l'Etat à des dépenfes fuperflues; mais l'expérience a prouvé que fi l'auteur de ce creufage s'eft trompé d'un côté, il a raifonné jufte de l'autre, en fuppofant la mine de fel bien plus enfoncée en terre qu'on ne l'avoit cru. (Voyez le Voyage de Bruxelles à Laufanne, pag. 109 & fuiv.)

pour cent, & l'autre le 27; mais la quantité d'eau eſt ſi petite que cette découverte ne peut être d'aucun profit pour l'Etat. Mais, ſi d'un côté l'on a manqué ici ſon but, & fait de faux frais, le creuſage en découvrant les couches intérieures, a mis en évidence deux vérités importantes pour le naturaliſte attentif: la premiere eſt, que ce n'eſt point à de grandes profondeurs perpendiculaires au-deſſous des montagnes, qu'il faut s'attendre à trouver les ſubſtances & les minéraux métalliques, dont on découvre pluſieurs veſtiges dans les montagnes qui bordent cette vallée, mais plutôt dans leur épaiſſeur ; auſſi les pays peu élevés au-deſſus du niveau de la mer, & plats ou coupés par des collines peu élevées, ne donnent des indices de pareilles productions qu'à une petite profondeur. Il ſemble que des couches inférieures du globe, qui ſont ou les moins ſolides ou les plus faciles à pénétrer, (28) la nature a fait le réceptacle des matieres gazeuzes & phlogiſtiques (29), qui en s'éle-

Avantages de ce creuſage pour le naturaliſte.

---

(28) Voyez la cauſe de cette ſinguliere diſpoſition des couches du globe où les plus peſantes ont pour baſe les plus légeres, dans mes conjectures ſur la formation du granit. (Mémoires de la Soc. des Sc. phyſ. de Lauſanne.)

(29) Ces premieres couches ſont auſſi les premiers dépôts de la mer. L'analyſe des eaux de la mer fait connoitre qu'outre le ſel marin, elles contiennent du bitume, & par conſéquent une matiere huileuſe, & un gaz inflammable, qu'une légere chaleur produite par un mouvement inteſtin, ſuffit

vant vers les couches fupérieures, impré-
gnées dès leur formation de fubftances falines (30) & des autres principes des métaux,
(31) & en fe combinant avec elles, ont

pour volatilifer. Elles contiennent en outre plufieurs
fubftances falines, qui elles-mêmes contiennent un
principe gazeux qui s'échappe au moyen des différentes décompofitions & combinaifons qui fe produi-
fent dans le fein de ces eaux, & qui fe recombi-
nant de nouveau & de diverfes manieres dans les
laboratoires fecrets de la nature avec le gaz inflammable, les foufres primitifs ou bitumes de la mer
& des terres appropriées, pour me fervir de l'ex-
preffion du célébre Henckel, compofent les minéraux fulphureux, proprement dits, & les métaux
qu'ils minéralifent. (Voyez la Pyritologie de Henckel, Traduction françoife, Chap. V, pag. 132.)

(30) Les différentes fubftances falines que la
Chymie découvre dans les différentes terres & pierres, ne contribuent pas peu apparemment à la formation des corps minéraux dont il eft ici queftion,
puifque les acides du vitriol & du fel qu'on y trouve, fe rencontrent combinés de diverfes manieres
dans les pyrites & les métaux. Il y a long-tems que
le premier étant uni au phlogiftique, eft reconnu
pour être un des principaux minéralifateurs des
fubftances métalliques ; M. Sage, habile chymifte, a
été le premier à reconnoître l'acide marin dans ces
fubftances, & quoique l'on difpute encore aujour-
d'hui fur la place que doit occuper l'acide nitreux,
on ne peut cependant difconvenir qu'il fe trouve
dans le régne minéral affez communément, & que
par conféquent il ne feroit pas impoffible qu'on
trouvât des mines dans lefquelles il fe trouvât comme minéralifateur.

(31) Il y a fans doute un principe métallique
dans le grand nombre des terres : tout le monde

donné naiſſance à ces derniers : la ſeconde
vérité eſt celle que je n'avois fait que ſoup-
çonner , dont j'ai parlé ailleurs, & ſur laquelle je ne m'étendrai pas davantage maintenant pour ne pas me répéter; je ne ferai
mention que de l'obſervation ſur laquelle
elle eſt fondée : le roc dans lequel eſt creuſé
ce puits, eſt compoſé de bancs de gyps ſolide gris (gypſum æquabile Wall Sp. 68);
arrivés environ à la moitié de ſa profondeur, M. Wild nous arrêta pour me faire
conſidérer la face du rocher ſur lequel eſt
appuyée l'échelle; j'avançai ma lampe vers
ce côté, & je vis les couches qui la compo-
Couches circulaires. ſoient, ſe recourber ſinguliérement & former preſque une ſuite de cercles concentri-
ques, & en même tems, je remarquai que
ces couches étoient environnées par-tout
d'autres plus épaiſſes. A préſent, ſi mon lecteur ſe rappelle ce que j'ai dit au ſujet des
couches arquées dans le Chapitre I., il re-
connoîtra l'importance de cette obſervation.

Panex. D'ici nous nous rapprochâmes encore d'Aigle , en nous rendant à Panex, hauteur au
Nord-Nord-Oueſt, à la diſtance de deux lieues

---

connoît l'expérience de Becker, qui avec de l'argille
& le principe inflammable, a produit du fer ; les
pierres argilleuſes traitées de même, donneroient
aſſurément le même réſultat ; à la vérité , on n'a pas
encore reconnu ce principe métallique dans les ſubſtances calcaires, mais peut-être n'eſt-ce que parce
qu'on ne l'y a pas cherché; d'ailleurs la nature eſt
plus habile que l'art, & ſouvent celui-ci ne peut
parvenir à l'imiter.

du creux de Bouillet; on voit encore plufieurs galeries horifontales dans l'intérieur de cette montagne, & la plupart ont été abandonnées; il n'y exifte qu'une feule fource faline très-foible en falure, ne donnant que le demi, ou le deux pour cent de fel; on la voit fortir d'un roc noir, lamelleux, compofé d'un gyps folide, traverfé fouvent de veines blanches, fpathiques, gypfeufes, & où elle s'eft creufée un lit affez profond; quelquefois on la voit s'ouvrir une iffue dans la partie la plus enfoncée, & la plus baffe de cette partie vifible du roc; d'autres fois elle fe perd tout-à-fait, & elle a difparu une fois pendant plufieurs années; d'autres fois enfin, elle reparoît à fa premiere hauteur : ces finguliers effets font dùs à la nature du rocher mème, qui étant très-tendre & fragile, fe décompofe facilement, & forme des amas qui obftruent l'ouverture que s'eft formée l'eau hors du roc, & la forcent à ronger fon propre lit, foit plus haut, foit plus bas; cette fource faline eft en outre martiale, & dépofe beaucoup d'ochre, comme les fources d'eau douce qui coulent ici, & mème les goutes d'eau, qui, dans plufieurs endroits, fuintent au travers des fentes du roc.

Singularités de la fource de Panex.

Les couches extérieures de la montagne, fous le terreau, font compofées de bancs affez épais, d'un gyps folide, coupées plus loin par une veine verticale, large de trois à quatre pieds, d'une roche fort dure, qui paroît être une efpece de petrofilex, & plus loin enfin, dans la mème galerie horifontale où

Nature de fes couches.

nous enfoncions, ce font encore les mêmes bancs gypfeux, mais ils fe trouvent ici affis fur des couches d'une pierre marneufe, d'un gris blanc, au-deffous defquelles font les couches lamelleufes & les plus baffes, defquelles fort la fource faline.

Nous vinmes le lendemain de notre courfe, dîner au Bex-vieux, à un quart de lieue de Bex, chez M. Wild, & nous employâmes le refte de la journée à vifiter les bâtimens de graduation qui fe trouvent ici. Bex-vieux eft fitué dans le fonds d'une gorge où coule l'Avançon, & les bâtimens dont il vient d'être fait mention, occupent les deux rives de cette riviere; les hangars où l'on affemble les fafcines de bois ont 550 pieds de Berne en longueur & 30 à 40 de largeur. Les fafcines de bois fur lefquelles on amene & fait couler les eaux des fources falées, & que l'on change fi fouvent ailleurs, & que l'on changeoit fi fouvent lors de la direction de M. Haller, reftent ici fort long tems en place, & celles qui y font maintenant depuis l'année derniere, n'ont été fubftituées qu'à des fafcines de 40 années; mais il faut avouer, que fi cette méthode eft d'une grande économie pour le bois, elle ne l'eft pas pour le fel, & il n'eft guères douteux que le produit de celui ci doit en être confidérablement diminué; car l'on peut juger par le dépôt gypfeux, formé fur les branches qui compofent les amas de fafcines accumulées dans ce hangard, feulement au bout d'un an, de quelle épaiffeur il doit être au bout de 40 &

même bien plus tôt; de-là, il arrive que les entre-deux des branches s'obſtruent par la quantité de la matiere gypſeuſe, la multiplicité des ſurfaces diminue, une bonne partie de l'eau doit s'écouler, ſans avoir été graduée; dès-lors le but du bâtiment de graduation eſt manqué; autre inconvénient : le dépôt qui ſe forme autour des faſcines eſt léger, poreux, & s'imbibe facilement de la liqueur ſaline qu'on fait couler ſur elles; on conçoit donc que cette incruſtation gypſeuſe doit être fort impregnée de ſel, & comme on jette ces faſcines, lorſqu'elles ont ſervi aſſez long-tems, ce ſel eſt perdu; ſuppoſé même qu'on eût la ſage précaution de concaſſer & leſſiver ce réſidu de l'évaporation à l'air, & enſuite d'en faire évaporer la leſſive au feu, ainſi que cela ſe pratique pour le ſchlot dans les ſalines de Franche-Comté, on repareroit le mal en partie; mais ce ſera toujours une grande faute de ne pas changer les faſcines aſſez ſouvent, auſſi au lieu de 30 ou 50 quintaux de ſel que l'on cuit ici par jour, & un peu moins à Aigle, & au lieu de neuf ou dix mille quintaux de produit du ſel que l'Etat retire chaque année, il pourroit ſans doute, au moyen d'une économie moindre ſur le bois & par conſéquent plus grande ſur le ſel, en retirer bien davantage. Je ne doute pas non plus que ſi l'on eût adopté le projet ſi ſimple & par-là même ſi intéreſſant, ſi beau & ſi digne de ſon ſavant auteur, Mr. Haller, qui l'avoit propoſé & en avoit fait connoître toute la vàleur par une longue fuite d'expériences (32), l'Etat n'y eût encore bien plus ga-gné, en économifant encore le bois qu'il cherche avec raifon à épargner ; mais les grands hommes ont des envieux & des en-nemis, qui s'oppofent aux vues grandes & fublimes du génie dans tous les pays habi-tés par les hommes, & à ce titre, M. Haller ne pouvoit manquer d'avoir les fiens.

Pompes & roues de la faline du Bex-vieux. — Les pompes qui font parvenir l'eau faline au moyen des conduits qui l'amènent juf-ques-là fur les fafcines, font afpirantes & hautes de 31 pieds, & mues par une roue de 32 pieds de diamètre; mais comme cette roue a elle-même à mouvoir pour cet effet, un grand arbre foutenu par des perches im-mobiles, l'effort étant très-confidérable, ne fe fait que fur un très-grand arc de cercle ; & le mouvement qui en réfulte eft très-lent ; c'eft pourquoi M. Wild a eu l'idée ingénieu-fe d'accélérer ce mouvement, de diminuer l'effort & le frottement réfultant de la pe-fanteur des maffes, en les forçant à avoir lieu fur un plus petit arc de cercle ; (33)

la

---

(32) Defcription des falines du Gouvernement d'Aigle, page 65 & fuivantes.

(33) En accélérant le mouvement de la roue, on accéléreroit auffi celui des pompes & l'on ren-droit par conféquent l'efpace de tems entre chaque immerfion des fafcines bien moins confidérable ; n'y auroit-il pas à craindre alors, que l'eau s'accu-mulant en trop grande quantité fur les fafcines,

la roue eſt mue par un courant de l'Avançon.

Il exiſte auſſi dans ce bâtiment deux chau-
diéres pour la cuiſſon du ſel, dont l'une
eſt, pour ainſi dire, préparatoire, & faite
pour ſoutenir un feu plus violent que l'autre, dans laquelle on tranſvaſe la liqueur
ſaline pour l'y faire cryſtalliſer à un feu plus
doux (34).

---

ne s'écoulât encore en bonne partie dans le baſſin
qui eſt au-deſſous, ſans avoir été graduée?

(34) J'ai vû chez M. Wild, au Bex-vieux, une
cryſtalliſation de ſel marin en filets friables & de la
plus grande blancheur, ſemblable au plus bel amyan-
the; on l'avoit trouvée attachée contre la partie
inférieure d'une poutre, ſituée au-deſſus d'une des
chaudieres de la ſaline. Ce ſel marin, le vitriol, des
pyrites effleuries à l'air libre, le ſel de Glauber
natif que j'ai trouvé dans le Gouvernement d'Aſtracan (*), la ſélénite en floccons dont j'ai parlé plus

(*) Je fis, il y a quelques années, un voyage
aux eaux de Tzaritzin, au bord du Volga, dans
le Gouvernement d'Aſtracan, & je trouvai à 60 ou
70 verſts (environ 12 ou 14 lieues de France) de
cette ville, près d'un endroit nommé Sudki, ſitué
près d'un ruiſſeau nommé *Tichnia*, qui va ſe jetter
dans le Don, & habité par quelques Koſaks qui font
partie du cordon établi tout le long de cette route;
je trouvai, dis-je, dans un fond, une plaine maré-
cageuſe, longue de quelques toiſes, & remplie de
plantes baſſes, preſque rampantes; ayant le goût
ſalé, mais moins piquant que celui du ſel marin;
plus loin, eſt une véritable marre remplie de ro-
ſeaux, à côté de laquelle eſt un eſpace d'un limon comme deſſéché & grumelé; ſa ſurface eſt recouverte de parties blanches, terreuſes, & d'une

D

Etendue
du diſtrict
des ſali-
nes.

Ainſi donc, le diſtrict des ſalines & la mine de ſel qui l'accompagne, s'étendent depuis la pointe Nord - Ouëſt de Panex, juſqu'au Sud-Eſt de Chamoſaire; puis paſſant

---

haut; celle obtenue par M. de Sauſſure, en analyſant
les eaux d'Etrembieres (Voyages dans les Alpes pag.
210). Le Borax obtenu par M. Model, en faiſant
l'analyſe du ſel de Perſe (Recréations Chymiques,
page 8ʃ. T. I. &c.) & quantité d'autres exemples
pareils, dont il ſeroit inutile de faire ici l'énuméra-
tion, prouvent, ce me ſemble, que les mêmes eſpeces de ſels ne prennent pas toujours en cryſtalli-
ſant la même forme : il s'enſuit donc que nous ne
pouvons point encore aſſigner une forme cónſtante
& déterminée aux particules intégrantes des ſubſtances ſalines; il eſt même à obſerver, que plus les
matieres cryſtalliſables séloignent des propriétés qui
caractériſent les véritables ſubſtances ſalines, &
s'approchent de l'état de ſels terreux, plus leurs
cryſtalliſations varient ; c'eſt ainſi qu'on voit les
ſpaths calcaires' & féléniteux, les pierres précieu-
ſes &c. cryſtalliſer en cubes, en rhomboïdes, en
pyramides, en maſſes lenticulaires, en priſmes, en
octaëdres, &c.

effloreſcence ſaline; il ſe léve par croutes, dont
la partie inférieure offre de petits cryſtaux très-ſenſibles, raſſemblés en floccons ſemblables à des bar-
bes de plumes écartées; il ſe diſſout facilement
dans l'eau, fait efferveſcence avec les acides à cauſe des parties calcaires avec leſquelles il eſt mélé ;
il ſe gonfle au feu, comme tous les ſels vitrioliques : ſon goût ſalé & en même tems frais, le fait
aiſément reconnoître pour un ſel de glauber naturel ; cependant, comme il a un arrière-goût d'amertume fort marqué, il y apparence qu'il ſera mélé
avec le ſel d'epſom; ces deux ſels ſe rencontrant
d'ailleurs aſſez ſouvent enſemble.

entre Panex & Chamofaire, fe dirigent au Sud-Oueft vers le Bouillet & tournent de-là enfuite à l'Eft vers les fondemens; & comme la fource faline de Panex, fort de cette montagne vers fa pointe la plus au Nord-Oueft, d'où on la conduit aux falines proche d'Aigle; qu'à fon autre extrèmité, vis-à-vis de Chamofaire, coule auffi une fource falée, comme nous venons de le dire, il paroît naturel de croire qu'il ne feroit pas impoffible que l'on vint à découvrir encore d'autres fources falines dans les hauteurs, dans les gorges ou vallons qui les féparent, & où coulent des torrens ou ruiffeaux qui vont fe jetter ou dans la grande eau ou dans la Gryone, entre Panex, Chamofaire & Grion, fur une circonférence d'environ quatre lieues & plus.

Poffibilité de découvrir de nouvelles fources falées & où?

Il eft au refte, digne de remarque, que la falinité des couches intérieures des montagnes du diftrict des falines, n'y influe aucunement fur la végétation, comme dans les contrées où cette falinité appartient réellement au fol; (35) que les prés, les bois &

---

(35) C'eft ainfi qu'au Nord de la mer Cafpienne, aux environs du Volga que j'ai vifités, la verdure eft baffe, rampante & peu agréable à l'œil, les arbres épars dans les hauteurs, petits, rabougris, fans vigueur; les plaines découvertes & fans ombre; au lieu d'un bon terreau, le fol eft un limon noir, vitriolique & fulphureux ou fablonneux. Hors des murs de la petite ville de Sarepta (colonie de freres moraves) on a creufé à quelques toifes de profondeur, & l'on a trouvé des couches d'épaiffeur

les paturages y font de la plus belle verdure; auſſi ces couches ne ſont-elles impregnées de ſels que dans certains endroits, & ces ſels ne ſont que des dépôts d'eaux pluviales & paſſageres, qui en étoient chargées, & ſont ſans doute de nouveau emportés par d'autres petits courans d'eau-douce qui s'en chargent à leur tour; il y a toute apparence qu'il arrive ici, ce que l'on peut préſumer avoir lieu ailleurs, (36) c'eſt-à-dire que les ſources ſalines que l'on voit ſortir du roc, peuvent avoir leur réſervoir à une bien plus grande diſtance d'ici & à un point bien plus élevé, & peuvent s'être relevées juſqu'à l'iſſuë qui leur donne ſortie au dehors, après avoir fouillé dans les profondeurs où court la mine de ſel.

Conjecture ſur ces ſources.

Nous avons déja remarqué plus haut & dans ce même chapitre, que la bande ou zône martiale & ſur-tout ſulphureuſe, ſuit preſque par-tout la bande ſaline, & l'on voit même un très-beau ſoufre natif, d'un jaune verdâtre, tranſparent, adhérent au rocher de Sublin au Sud-Eſt, & près de Bex-vieux;

Obſervation remarquable.

Soufre natif.

---

très-variable, 1°. d'une terre noire, graſſe, bitumineuſe, fort impregnée de ſel; 2°. d'une terre marneuſe, griſe & blanche, ochracée à certains endroits & parſemée de petites coquilles en ſpirales, ſemblables à des cornes d'ammon, & de moules toutes uſées & calcinées; 3°. d'un ſablon mêlé de beaucoup d'ochre & de petites maſſes noires d'un ſable ferrugineux.

(36) Voy. Min. & Phyſ. pag. 109 & 110.

(37) auſſi (il y a de cela quelques années) l'A-
vançon ayant débordé avec une telle fureur
qu'elle emportoit & ravageoit tout ce qu'elle
rencontroit dans ſon chemin, ſes eaux ſe
chargerent tellement de parties ſulphureuſes,

---

(37) Ce ſoufre eſt très-beau; il ſe trouve toujours avec du ſpath gypſeux, rhomboïdal, ou du
ſpath calcaire; il a lui-même une forme plus ou
moins cryſtalline & approchante de la cubique: il
eſt aſſez difficile d'expliquer comment il ſe cryſtal-
liſe de cette maniere; & ceux qui penſent que la
cryſtalliſation du ſoufre a lieu par la voye humide,
trouveroient ſans doute ici bien des circonſtances propres à les confirmer dans cette opinion ; ils
pourroient préſumer, que des eaux s'étant infiltrées
dans les fentes du roc calcaire, & ayant rencontré
des pyrites qui s'effleuriſſoient, elles ſe feront chargées du vitriol & des vapeurs ſulphureuſes qui s'en
élevoient; que ces dernieres y feront reſtées fort
atténuées & comme diſſoutes, parce que les eaux
peuvent avoir acquis aſſez de chaleur dans leur
route, pour empêcher ces parties ſulphureuſes de
ſe condenſer, juſqu'à ce qu'elles ayent de nouveau
pénétré à l'extérieur ; de-là il pourroit avoir réſulté
1°. que, dans un roc originairement tout calcaire,
le vitriol auroit été décompoſé & qu'il ſe feroit
formé du gyps à ſa place; 2°. que l'eau ſe feroit
de plus en plus réfroidie, en approchant du lieu
de ſa ſortie, & qu'arrivée là, la condenſation &
cryſtalliſation des particules ſulphureuſes auroit pû
s'enſuivre; la nature du roc en partie calcaire, en
partie gypſeux, donneroit un grand poids à cette
théorie; mais d'un autre côté, l'on ſait que le ſoufre ſublimé eſt auſſi ſuſceptible de cryſtalliſation, &
il ne ſeroit pas impoſſible que dans certains endroits
de ces rochers, il s'élevât un eſprit acide, ſulphureux, volatil, qui en les pénétrant, formât le gyps.

qu'elles répandoient une odeur infecte dans tous les lieux circonvoifins & au loin (38).

Il n'étoit pas naturel de nous éloigner du diftriél des falines, fans avoir été faire une excurfion à la montagne de Chamofaire où M. Wild nous promettoit aulli une très-jolie vue de montagnes; nous primes donc jour pour cet effet, & nous nous y rendîmes. Chamofaire eft au Nord-Nord-Oueft de Bex & du Bouillet; au bas & au Nord-Oueft de cette montagne coule la grande eau; aux deux tiers environ de fa hauteur, nous arrivâmes dans un vallon où nous nous arrétâmes pour nous repofer; ce vallon n'offre qu'une verdure trifte; point d'arbres, point de bois, & un air froid, humide & mal-fain; ce qui provient, de ce que dans une partie du vallon formant un creux ou enfoncement affez profond, font deux petits lacs à fort peu de diftance l'un de l'autre (39), qui, avec

Montagne de Chamofaire.

Lacs au haut de la montagne.

----

(38) A l'Oueft & à la rive droite de l'Avançon, eft la hauteur ifolée, couverte de verdure appellée Mont Montet, compofé de gyps, & haut d'environ 200 pieds, qui, avec la montagne à la rive gauche de l'Avançon, forme la gorge au fond de laquelle eft fitué Bex-vieux; cette montagne à la rive gauche de l'Avançon, n'eft gypfeufe qu'à une hauteur égale à celle du Mont Montet. Cette obfervation m'a été communiquée par M. Wild.

(39) On voit fouvent de pareils petits lacs dans les montagnes, & l'on pourroit plutôt les regarder comme de grands étangs, fi leur profondeur qui les rend très-poiffonneux, ne les empéchoit de fe deffécher; d'ailleurs la maffe d'eau qui les compofe, reftant toujours la même, il en réfulte qu'il s'en écou-

les eaux qui s'écoulent de la partie haute du vallon & des côtés efcarpés qui les furplombent, contribuent à rendre toute cette partie baffe, prefque par-tout garnie de rofeaux, fort marécageufe, & il s'en élève, comme on peut bien le croire, des exhalaifons froides & très-pernicieufes ; auffi, quoique nous fuffions à la mi-Juillet, le froid qui nous pénétroit, étoit fi fenfible, que nous fumes bien enchantés de rencontrer un chalet où nous pumes nous réchauffer à un bon feu, & dont le maître nous reçut avec cette hofpitalité fi précieufe & cette cordialité qu'on ne rencontre plus que chez les fauvages ou chez les montagnards.

Froid continuel.

Nous nous acheminâmes bientôt pour arriver au fommet de la montagne ; mais auparavant, j'obfervai qu'elle étoit toute compofée dans cette partie inférieure, de couches très-fragiles d'une pierre fchifteufe micacée, (Saxum Cottarium Vall. fp. 209.')

Nature de fes rochers.

Autant nous avions eu de facilité pour parvenir jufques-ici, autant le refte de la

---

le une quantité égale à celle qu'ils reçoivent ; lorfcu'on ne voit point comme ici, ni comment ils fe forment, ni comment ils s'écoulent, on ne peut douter qu'ils ne foient les produits des torrens fouterrains, qui viennent obfcurément s'abîmer dans ces profondeurs pour les former, & ceux-ci à leur tour creufant la côte de leur lit oppofé à celui de l'entrée de ce courant, en forment d'autres qui vont ou former d'autres lacs, ou fe divifant en plufieurs bras, vont arrofer & fertilifer de belles & riantes plaines.

montée qui nous reſtoit encôre à faire, étoit roide & eſcarpée; nous étions obligés de ſuivre un ſentier extrèmement étroit & à peine praticable, en marchant en zig-zags. La pointe ou le ſommet de Chamoſaire, forme un plateau de peu d'étendue, encore plus triſte, plus nud & décharné que la partie inférieure de cette montagne; à l'extrêmité ſeptentrionale de ce plateau, ſemble ſortir de ſon ſein une maſſe de roc nud, qui, par ſa forme & l'aſpect qu'il préſente, reſſemble beaucoup aux rochers granitiques, ou plutôt à certains rochers calcaires, fort reſſemblans aux premiers, & tels que ceux dont j'ai pluſieurs fois fait mention dans le cours de ce voyage. Ce maſſif de roc qui s'éleve à environ 30 pieds au-deſſus du plateau de Chamoſaire, ſe diviſe en deux cornes à ſa ſommité, & les rocailles éparpillées qu'on trouve à ſon pied, prouvent qu'elles ont rempli le vuide qui exiſte entre ces deux cornes, dont elles ont été détachées par les cauſes ordinaires & communes qui font fendre les rochers; cet effet pourroit cependant paroître ſingulier, ſi l'on n'obſervoit que la pointe de Chamoſaire n'eſt dominée par aucune hauteur, ni devant, ni derriere; elle eſt entiérement ouverte aux vents froids & rigoureux du Nord-Eſt qui arrivent ici, après avoir traverſé les glaciers des Diablerets, du Lauterbroun & du Grindelwald, (40) &

Pointe de Chamoſaire.

Sa ſituation.

____

(40) Cette montagne préſerve au contraire des mêmes vents, les hauteurs ſituées derriere elle.

aux vents humides & froids du Sud-Ouëſt; cet effet, dis-je, paroîtroit ſingulier ſans ces circonſtances, parce qu'ici ce n'eſt point la pierre calcaire qui, quoique très-dure & très-compacte, céde cependant peu-à-peu & à la longue à la puiſſance du temps & des ſaiſons; c'eſt une roche graniteuſe aſſez dure dans pluſieurs endroits pour donner des étincelles, étant frappée avec un inſtrument d'acier; en un mot, c'eſt une ſorte de porphire compoſé de petits grains de quartz, de feldſpath & de ſpath calcaire, blanc, noir, ou ſans couleur, & quelquefois tellement rapprochés qu'ils donnent à toute la maſſe l'air d'un vrai granit à petits grains, mais qui moins ſerrés ailleurs, laiſſent appercevoir le gluten qui les lie & qui eſt une eſpece de petroſilex brun, dur & demi tranſparent dans pluſieurs endroits; ce que ce petroſilex offre encore de plus remarquable dans d'autres endroits, c'eſt qu'il paroit évidemment qu'il eſt le produit d'une matiere marneuſe, durcie, qui même a encore ſouvent conſervé ſa nature (41); c'eſt donc principalement

Compoſée d'un porphire tendre.

---

(41) Comme je craignois que l'efferveſcence qui a lieu, lorſqu'on met quelques goutes d'acide ſur cette pierre, ne m'en impoſât, & ne fut duë à des particules calcaires ſuperficielles, j'en détachai un fragment que je pulvériſai de mon mieux, & ayant alors verſé deſſus de l'acide nitreux, il ſe produiſit une efferveſcence très-vive & très-longue, je reverſai de l'acide juſqu'à ce qu'il fut parfaitement ſaturé, & lorſque la diſſolution fut achevée, je le décantai de deſſus le réſidu qu'il avoit laiſſé, je

à la partie calcaire de cette pierre, qu'est due la décompofition du maffif de la pointe de Chamofaire.

C'eft à côté de ce maffif, que l'on voit tout d'un coup le plateau de Chamofaire manquer, & coupé verticalement, furplomber un précipice de plus de 40 toifes. C'eft ici que nous nous promettions la jolie vue dont M. Wild nous avoit flatté, & qui embraffe au Nord & au deffous nous la vallée d'Ormond-deffous, au Sud-Eft celle d'Ormond-deffus, qui fe joint à la premiere, & à l'Oueft un bout de celle du Rhône; mais à peine fumes-nous arrivés au fommet de cette montagne, qu'un brouillard qui fembloit fuivre nos pas, obfcurcit l'air, & nous força à fonger à une prompte retraite (42).

Point de vue manqué.

---

leffivai ce réfidu avec de l'eau diftillée, & l'ayant féché, je l'examinai, & je le trouvai compofé, outre les petits grains quartzeux & fpathiques dont j'ai fait mention, d'une terre argilleufe, graffe & brune, qui recouvroit en partie ces petits grains; d'un mica blanc, tranfparent, & d'un mica verd opaque; ces derniers ne font pas fenfibles à l'œil dans la pierre, parce qu'apparemment ils y font difperfés en fort petite quantité : dans un fragment de cette roche que je poffède, on voit des veines fpathiques & quartzeufes qui la traverfent, & dans l'une de ces dernieres, on obferve de tous petits grains d'or natif.

(42) Il n'eft point de mon objet de parler ici des fources falines que l'on a trouvées en deffous de Chamofaire, quoiqu'elles ayent donné lieu à plufieurs travaux couteux; on peut confulter là-deffus M. Haller. Tout ce que j'ai à dire à ce fu-

La pointe de Chamofaire en Brattaye, est élevée au-deſſus de Bex-vieux de 6100 pieds ou 1016 toiſes.

Hauteur de la pointe de Chamo-
faire.

---

jet, c'eſt que ces ſources étant fort abondantes en eau & très-foibles en ſalure, on peut en conclure qu'elles viennent d'un point fort élevé, & n'ont fait qu'effleurer la mine de ſel. Quant à celle-ci, il y a apparence que ſi on peut la découvrir ici, ce n'eſt que dans les endroits où la partie calcaire de cette roche domine; mais comme ces endroits me ſemblent rares, ce ſeroit, il faut le croire, un eſpoir trompeur que de la chercher ici; & l'analogie nous prouve que l'on ne trouve guere les mines de ſel gemme ou les eaux ſalées, que dans les ſubſtances calcaires, gypſeuſes ou limoneuſes. Voyez ce qui en a été dit plus haut, & dans les voyages des ſavans étrangers, la deſcription de pluſieurs lacs ſalés, par le célebre Pallas.

CHAPITRE V.

Analyse des eaux minérales sulphureuses, des environs de Bex.

JE ne conserve à cette eau le nom d'eau minérale, que parce que tout le voisinage est persuadé qu'elle en a les propriétés, & qu'on n'y feroit point entendu, si on la désignoit autrement.

Cette eau, est située à l'Ouest & à un quart de lieue de Bex, fortant d'un fonds marécageux, non loin du Rhône, encaissée dans un bassin, vouté en pierre; elle n'a ni odeur ni saveur sensibles.

Comme il n'existe guères d'eau sulphureuse qui ne tienne en outre quelque substance saline en dissolution, j'ai employé plus de réactifs qu'il n'auroit fallu pour y reconnoître simplement la présence du soufre.

Analyse par les réactifs. (43)

Je dirai d'abord, qu'une piéce d'argent plongée pendant quelques heures dans cette eau, n'y a point noirci, & que celle-ci ayant

____

(43) Les réactifs dont je me fers font ceux indiqués comme les plus efficaces, par le célebre Bergmann, auquel la chymie est redevable de plusieurs belles découvertes.

été mise en digestion à une douce chaleur pendant assez long-tems, elle n'a point donné de précipité sensible.

1°. L'huile de vitriol versée dans cette eau, n'y a produit, ni précipité, ni mutation.

2°. La dissolution d'argent par l'acide nitreux a rendu l'eau laiteuse, & a donné un précipité d'un jaune de citron.

3°. La dissolution de mercure par le même acide, a rendu l'eau laiteuse, & a donné un précipité d'un jaune de citron.

4°. L'eau de chaux versée dans cette eau n'a produit aucun effet.

5°. Les teintures de tournesol, de fernambouc & de terre mérite, & les papiers qui en avoient été colorés, n'ont produit aucun effet avec cette eau.

6°. Une dissolution de sel marin à base de terre pesante, versée dans cette eau, a donné un précipité de spath pesant.

7°. L'esprit de vin mêlé avec cette eau, n'y a produit aucun changement.

Analyse par l'évaporation.

Trois livres de cette eau ayant été mises à évaporer jusqu'à siccité, il resta après l'évaporation un résidu sec, qui se trouva être de la terre calcaire en quantité si petite, qu'on n'en pouvoit presque tenir compte. L'eau vers la fin de l'évaporation avoit acquis quelque chose d'onctueux & d'huileux, fans altération cependant pour fon goût, fa couleur & fon odeur.

Il réfulte de ces opérations avec les réactifs & par l'évaporation, que ces eaux ne contiennent du foufre, ni fous la forme de fleurs, ni dans l'état d'hepar, comme on le voit par les effais jufques au fecond; qu'elles ne contiennent ni air fixe, ni fels acides ou alkalis libres, ainfi qu'on le voit par les effais quatrieme & cinquieme; ni fels neutres, comme on le voit par l'effai feptieme; il n'y a donc dans cette eau que des veftiges d'acide vitriolique, comme on le voit par la précipitation du turbith minéral, (troifieme effai.) & fur tout par celle du fpath pefant, (effai fixieme,) car on fait que l'affinité de cet acide avec la terre pefante eft telle, qu'il la dégage de quelque bafe que ce foit avec laquelle elle fe trouve unie (44) dans les eaux; & enfin on trouve ici des veftiges de terre calcaire, mais en fi petite quantité & en particules fi difperfées dans l'eau, que ce n'eft qu'après une affez longue ébullition qu'elle a commencé à être fenfible.

Je ne puis cependant m'empêcher de témoigner quelque furprife, de ce que les produits des troifiemes & fixiemes effais démontrant la préfence de l'acide vitriolique, [qui ne peut être ici que dans une grande atténuation & combiné avec le phlogiftique,

---

(44) Opufcul. Chym. & Phyf. de Bergmann, traduites en françois par M. de Morveau, pag. 110, 138, 207.

c'eſt-à-dire comme eſprit ſulphureux volatil; puiſque rien ne m'y indique la préſence d'aucun autre ſel] (45) il ne ſe ſoit point manifeſté à l'odorat pendant l'évaporation.

Quoiqu'il en ſoit, on conviendra que le peu & la foibleſſe des principes que cette eau contient, ne peut lui mériter le nom d'eaux minérales que les habitans du lieu s'obſtinent à lui donner, & en laquelle ils ont grande foi. C'eſt ce qui m'a engagé à ce travail & à cette diſgreſſion que mon lecteur voudra bien me pardonner. Il eſt vrai que les pluyes de pluſieurs jours avoient

---

(45) La plupart des auteurs modernes qui ont écrit ſur les eaux, conviennent que le plus grand nombre de celles qui paſſent pour ſulphureuſes, contiennent rarement un vrai ſoufre. Wallerius y ſoupçonnoit une vapeur vitriolique, & il nomme les eaux qui la contiennent *eaux acides vitrioliques* (voyez ſon hydrologie, Traduction françoiſe, pag. 69); M. Bergmann y a reconnu *un gas hépatique* qui n'eſt apparemment que l'eſprit ſulphureux volatil dans un état de plus ou moins grande atténuation (opuſc. chym. analyſe des eaux); & s'il faut en croire M. Monnet (traité des eaux minérales), l'odeur de foye de ſoufre qu'on rencontre dans les eaux eſt due ſouvent à toute autre cauſe qu'à la décompoſition du ſoufre même; car ſelon lui, le phlogiſtique pur, s'il pouvoit être diſſous dans les eaux, auroit la même odeur, & celle que répandent les latrines & les végétaux en putréfaction n'en differe nullement: cette derniere aſſertion cependant eſt bien contraire aux idées adoptées par la plupart des chymiſtes qui veulent, que l'odeur des latrines & celle des végétaux qui la produiſent, ſoit due à l'alkali volatil, produit de la putréfaction de ces ſubſtances.

groffies les eaux du Rhône qui étoient venues
fe mêler avec celles-ci, & c'eft à quoi, di-
foit-on, l'on attribuoit le réfultat de mes
expériences ; mais les gens inftruits favent
qu'une pareille circonftance peut mafquer
aux fens les principes minéraux dont une
eau eft foiblement chargée, mais qu'elle ne
fauroit les dérober aux expériences chymiques.

CHAPITRE VI.

*Route de Bex à Martigny. Difgreffion fur le
crystal de Roche.*

Départ de Bex. NOus primes enfin congé de M. Wild,
après huit jours de féjour à Bex, & nous
nous remimes en marche en tirant du côté
de St. Maurice, au-deffus duquel s'élève avec
majefté la pointe du midi dont j'ai parlé plus
haut, & d'ici nous nous trouvâmes en peu
d'heures rendus à Martigny. Je ne m'arrê-
terai point à décrire notre route, j'en ai
parlé ailleurs (46).

Martigny   Martigny eft un vilain bourg du bas Vallais, fitué à l'extrêmité de la vallée du Rhône,
&

---

(46) Voyez le Voyage aux environs de Vevay
& dans une partie du Vallais, dans les Mémoires
de la Société des Sciences Phyfiques de Laufanne.

& près duquel coule la Drence. Les rochers de la Bâtia au deſſus de cette riviere, ſont compoſés de couches d'une pierre calcaire la-melleuſe, dont les lamelles que l'on peut quelquefois ſéparer les unes des autres, ſont de deux couleurs, & forment des zônes min-ces d'un bleu noirâtre & d'un blanc ſâle; ce qu'elles offrent de particulier, c'eſt que l'on y obſerve un mica ſtrié, d'un blanc argen-tin, ſtratifié avec elles; cette circonſtance, jointe à la poſition de ſes couches, en feuil-lets perpendiculaires à l'horiſon, dans les ro-chers, m'avoit fait prendre autrefois cette pierre pour la roche cornée du genre des ſchiſtes argilleux micacés (ſaxa molliora, ſaxa cornea Wallerii) (47).

[note marginale : Pierres dont ſont compo-ſées les monta-gnes des environs.*]*

Elle paroit en effet même par ſa nature (48), faire le paſſage des pierres calcaires aux ſchiſ-teuſes, & un peu plus loin dans la vallée d'Entremont, les bancs de la même chaine ſe trouvent compoſés d'une belle ardoiſe des toits, bleuâtre.

A une demi-lieue & à l'eſt de Martigny, on voit la jonction de la Drence & du Rhône; j'en ai fait mention au long autre part (49).

Aux environs de Martigny, au-deſſus de

---

(47) Voyez l'ouvrage cité ci-deſſus.

(48) Cette pierre pulvériſée ſe diſſout avec une forte efferveſcence dans l'eſprit de nitre, mais il reſte enſuite un réſidu brun, inſoluble & argilleux, qui fait un peu moins du tiers de la quantité de la pierre employée.

(49) Voyez encore le voyage cité ci-deſſus.

E.

Cryſtaux de roche aux environs de Martigny

Goëns & d'Orſine, on trouve des cryſtaux de roche de taille ordinaire, & d'une aſſez belle eau. J'en ai vu une grande quantité chez un marchand de Martigny même ; comme cette pierre eſt une des plus belles productions de la nature, j'eſpere que mon lecteur voudra bien me permettre d'entrer dans quelques détails à ce ſujet.

Digreſſion ſur le cryſtal de roche.

Pluſieurs auteurs, tels que Pline & Scheutzer, ont prétendu que les cryſtaux les plus parfaits ne ſe trouvoient guères que dans les parties les plus élevées & les plus froides des montagnes, & que la rigueur du climat de ces régions glacées, pouvoit même être néceſſaire à leur production. Si par la perfection des cryſtaux, on entend la groſſeur & la régularité de leurs priſmes, il eſt certain qu'on ne peut guères diſconvenir du fait ; il paroit effectivement que ces qualités accompagnent preſque toujours les cryſtaux, en raiſon directe de la plus ou moins grande hauteur à laquelle on les trouve ; mais le prix & la beauté du cryſtal dépendent-ils de ſa tranſparence, & ſurtout de ſa dureté ? Je ne ſais, ſi ces propriétés ne ſe trouveroient pas en eux, en raiſon contraire de l'élévation du ſol. Il ſemble que nous en avons la preuve dans ces petits cryſtaux enveloppés dans les cailloux creux, auxquels on a fort abuſivement donné le nom de melons pétrifiés ; on ſait que leur dureté & leur netteté eſt telle, que cela leur a valu le nom de diamans ; ainſi ſelon les lieux d'où ils viennent, on

les a qualifiés des noms de *diamans d'Alen-*
çon, *diamans de Bornholm &c.*

La plupart des minéralogiftes, tels que Forme
des cryf-
taux.
Cronftedt, *Wallerius*, *Valmont de Bomare*,
Voltersdorf &c. ont attribué au cryftal de
roche une figure prifmatique, hexagone,
terminée par une pyramide également hexan-
gulaire; M. Bourguet a même prétendu faire
connoître la forme primitive de fes particules intégrantes, & a voulu que de petits
triangles formaffent par leur affemblage des
prifmes parfaits (50); mais la nature qui
ne confulte perfonne, fe moque fouvent de
nos plus belles théories & contredit par les
faits les fyftèmes les plus étudiés. La cryftallifation du cryftal de roche n'eft pas plus
affujettie à une forme unique & déterminée,
que les cryftaux d'un autre genre, & elle
affecte également les formes cubiques, py-
ramidales &c. ainfi qu'on peut s'en convaincre, en jetant les yeux fur les planches du
fecond *Tom. du Mufée* du Ch. de Born;
(51) peut-être même cette cryftallifation
varie-t-elle felon certaines loix qui viennent
ou du climat, ou du principe colorant, ou
de quelqu'autre caufe encore; c'eft ainfi que
j'ai vû la plupart des cryftaux rouges d'Efpagne, de France, de Suiffe, préfenter affez
conftamment des canons prifmatiques, au
lieu que tous les cryftaux rouges que j'ai

____

(50) Lettres Philof. fur la form. des fels & des
cryftaux, pag. 42 & fuiv.
(51) Lithophylacium Bornianum.

vûs venant de Sibérie, (qui, lorsqu'ils sont également colorés & sans nuages, sont souvent taillés & vendus par les jouaillers pour de vraies amethistes) n'offrent que des sections de prismes dont les faces les plus larges sont couchées les unes sur les autres, toujours en se rétréciffant, ainsi que les pyramides à pointes plus ou moins obtuses qui les terminent ; ce qui repréfente des portions de prismes comme lamelleufes, ou plutôt en gradins (scalatæ) ; je posséde un pareil cryftal dans lequel se promène une goutte d'eau, quand on le remue.

M. Scheutzer qui a écrit fort au long sur les cryftaux de roche & qui paroît les avoir étudiés avec foin, (52) prétend que les corps étrangers qu'on apperçoit dans certains cryftaux, tels que des cheveux, des pailles, des moufles, ne font que des apparences trompeufes & le plus fouvent dues à des accidens dans le cryftal, ou à une matiere métallique, colorante, qui s'y eft introduite. Il eft certain que j'ai vû des cryftaux de roche, qui contiennent très réellement des corps étrangers & dans lefquels on apperçoit de véritables moufles ; (53) & je ne vois point

Ce que l'on doit penser des corps étrangers renfermés dans les cryftaux.

---

(52) Natur gefchichte des Schweitzerlandes. T. II. page 103 & fuiv.

(53) J'ai vu à la Haye chez M. Wofmaer, Directeur des cabinets d'hiftoire naturelle de S. A. S. le Prince d'Orange, un cryftal de roche ifolé, d'une très-belle eau, renfermant un beau & grand prifme de tourmaline brune, & il avoit plufieurs au-

pourquoi cela n'auroit pas lieu? Nous avons
des preuves évidentes fans lefquelles la raifon feule nous le diroit, que la matiere du
cryftal a dû être, lors de fa formation, d'une
confiltance fluide & comme visqueufe, &
nous favons auffi qu'il n'y a point d'endroit
dans les montagnes où l'on ne trouve des
mouffes qui, étant dans le voifinage de la
matiere du cryftal encore liquide, peuvent
fort bien être enveloppées par elle. Mais
s'il elt vrai que ce cas exifte, il n'en elt
pas moins vrai que le plus fouvent l'affertion de M. Scheutzer elt très-exacte; mais
ce favant paroît n'avoir que foupçonné la
chofe, apparemment par la feule infpection;
car les cryftaux qui contiennent de véritables mouffes, font plus ou moins tranfparens & nets, depuis la bafe de leurs prifmes
jufqu'au fommet de leurs pyramides; il n'en
elt pas de même des autres, ainfi qu'on peut
s'en convaincre par un échantillon que je
polféde; c'elt une jolie drufe de petits cryftaux, dont les bafes font entourées & comme aglutinées enfemble par une ochre brune, martiale, mêlée de petits cryftaux talqueux
hémifphériques; l'intérieur des prifmes de

Ce qu'a-
vance M.
Scheutzer
elt d'ac-
cord avec
l'expé-
rience.

tres tourmalines du même lieu, qui pouvoient fervir de piéces de comparaifons; on doit les avoir
vendus pour être d'Efpagne, ainfi que le cryftal; & on
difoit les avoir nouvellement découverts. Je polféde
moi-même un cryftal jaune, ifolé, fort intéreffant,
dans l'intérieur duquel on voit une petite maffe
métallique d'une forme finguliere.

cette drufe, eft d'un vert ou d'une teinte inégale, ou ayant la forme d'un fecond cryftal renfermé dans le premier ; ou reffemblant, à caufe de l'opacité que lui donne cette teinte, à un paquet de mouffes en colonne moulée dans le cryftal ; mais ayant rompu un de ceux là tranfverfalement, l'illufion difparut, & je vis dans fon intérieur, une fubftance colorante, d'un vert de pré, opâque, qui avoit dans certains endroits

Caufe de la couleur verte des cryftaux. pénétré les lames cryftallines jufqu'à fa circonférence, mais, qui ordinairement n'a teint qu'une partie de fon épaiffeur jufqu'au centre du cryftal où il y a toujours un vuide circulaire ; toutes circonftances, qui font préfumer que cette couleur eft due à une mine de cuivre jaune décompofée ; la matiere verte aura été produite par la précipitation du vitriol de cuivre par un alkali, & entraînée ou enveloppée par celle encore fluide du cryftal (54), & l'ochre brune dont j'ai parlé eft le produit de la décompofition du fer de cette mine.

Subftance qui fe trouve fouvent avec les cryftaux. Les cryftaux de roche que l'on trouve dans les montagnes, font fouvent environnés d'une fubftance en paillettes verdâtres, foncées, comme micacées ; & les chercheurs de cryftaux prétendent reconnoître les nids de drufes par leur moyen même ; bien des

---

(54) Cette cavité qu'on trouve dans le centre de ces petits cryftaux feroit préfumer quelque rapport dans leur cryftallifation avec la formation de la ftalactite.

gens croyent que cette ſubſtance contribue en quelque choſe à leur formation ;
mais il eſt certain que ces paillettes ne
ſont que la roche de corne ſpathique (cor-
næus ſpathoſus Wall. ſp. 171) qui, comme toutes les autres roches cornées , ſe
trouvent ſouvent dans les montagnes de la
Suiſſe ; ou d'autres fois , c'eſt une argille
graſſe , verdâtre , mêlée de petits fragmens
quartzeux , brillans , extrêmement atténués,
qui ſemblent au contraire dûs à la décompoſition & à la deſtruction du cryſtal. Il
eſt certain auſſi , que j'ai vû des cryſtaux de
la Suiſſe & d'autres pays, où l'on n'apperçoit autour d'eux aucuns veſtiges de matié-
res vertes. Mais revenons à l'objet principal de cet ouvrage, & paſſons au Chapitre
ſuivant ; quelques lecteurs m'accuſent peut-
être déja de m'être trop arrêté ſur ce ſujet.

CHAPITRE VII.

Route de Martigny à Sion.

Départ de Martigny.

APrès avoir séjourné à Martigny un peu plus long-temps que nous ne l'aurions souhaité, à cause de l'orage qui nous y surprit & dura plusieurs jours, nous en partimes enfin au gré de nos desirs. En quittant Martigny, nous entrâmes dans la vallée de Sion, & dirigeâmes nos pas vers la ville du même nom.

A une lieue de Martigny est le village de Charras, au sortir duquel & du côté vers St. Pierre, se présente un aspect des plus singuliers, & qui, sans doute, à tout autre qu'un naturaliste, pourroit réveiller l'idée d'un volcan éteint dans cette partie du Vallais. Cette chaîne de montagnes au pied de laquelle est situé Charras, s'abbaisse ici de plus en plus en forme de monticules séparés, & plus ou moins coniques, qui ne font que des éminences basses près de ce village, & qui toutes ensemble, forment une enceinte circulaire qui renferme un espace de terrein plat, ressemblant fort par sa position à un cratere affaissé : ce qui contribue encore à l'illusion; c'est que ces monts & ce fonds présentent des surfaces presque nues & couvertes d'une verdure triste & presque rampante; ce spectacle, en un mot, est si frap-

Aspect singulier.

pant qu'un païsan voisin de là, chez qui nous nous arrétâmes, nous dit qu'un phy-sicien de Geneve, qu'il ne sut nous nom-mer, qu'accompagnoit un mulet qui portoit des instrumens, s'arrêta pendant près d'une heure à le contempler. Ces montagnes sont gypseuses (55) & ont pour base des bancs de pierre calcaire. D'après cela & d'après la disposition de ces hauteurs en amphithéa-tre, & le grand escarpement de la côte ici, il y a apparence que la cause de ce singu-lier phénomène est la même que la cause productrice des entonnoirs du gouverne-ment d'Aigle dont j'ai parlé dans le premier Chapitre; près de Charras, la nature tra-vaillant à la fois sur des masses plus consi-dérables, travaille aussi plus en grand.

Nous avions attendu à Charras que la pluie qui avoit recommencé pendant notre marche s'appaisât; elle cessa bientôt en effet pour quelques instans, & nous nous remî-mes en chemin; mais nous eumes à peine fait quelques pas, que nous fumes assaillis par un très-violent orage, & c'est alors qu'il s'offrit à nous une scène à la fois effroya-ble & majestueuse, & qui pour être admi-rée autant qu'elle le méritoit, devoit être observée du fond d'une belle & profonde vallée, telle que celle où nous nous trouvions alors; des nuages noirs & épais enveloppoient

Cause de cet effet.

Orage fu-rieux & remar-quable.

------

(55) J'ai parlé de la pierre qui les compose dans mon voyage aux environs de Vevay & une partie du bas Vallais.

les fommités des deux chaînes qui la bordent, & un rideau nuageux uniformément étendu d'une des chaînes à l'autre, obfcurciffoit de tous côtés la maffe du ciel pour nous, & nous donnoit le crépufcule au milieu du jour; le tonnerre tomboit à chaque inftant, il grondoit prefque fans interruption, & fes roulemens prolongés par les échos, fe répétoient à l'infini; les nuages épais au-deffus des montagnes des deux côtés de la vallée, étoient tellement chargés de matiere électrique, qu'auffi-tôt qu'un éclair fe montroit, on en voyoit une quantité qui fe croifoient en tous fens, non feulement en partant des différens nuages fufpendus au deffus de l'une des chaînes, mais ceux au deffus de la chaîne vis-à-vis étoient embrafés au même inftant; & prefqu'au même inftant auffi, les explofions fulminantes fe fuccédoient, comme les coups d'un feu de moufqueterie, & fe faifoient entendre par-tout. Le rideau de nuages intermédiaires, fembloit ici faire l'office de conducteur, par rapport aux maffes des nuages appuyés contre les fommets des deux chaînes, ou, d'une maniere vifible, lorfque les éclairs en les fillonnant horizontalement, portoient au loin, & d'un bout à l'autre, l'allarme & la tempête, ou, d'une maniere infenfible, lorfque l'orage fe communiquoit des deux côtés de la vallée, fans affecter les nuages intermédiaires; de même que l'on voit l'électricité communiquée par un électromètre à un conducteur bien ifolé, par la houpe

Nuages conducteurs.

de feu que l'on voit fortir par un des bouts qui le termine pendant l'obfcurité (56).

Jufqu'ici nous n'avions guères vû que des montagnes calcaires, mais dans la vallée de Sion au contraire, la fcène change; nous ne verrons plus guères que les montagnes de l'antiquité la plus reculée, & rarement des montagnes calcaires. A un quart de lieue de Charras, on commence déja à s'apperce-voir de cette différence, dans la côte qui borde le grand chemin, qui eft compofée de feuillets de roche de corne, entrecoupés de veines d'un quartz gras, tandis que l'on ob-ferve en même tems, que la montagne qui domine cette côte eft encore compofée de bancs de pierre calcaire jaune; ces monta-gnes fe prolongent dans cet état jufqu'au deffus de St. Pierre. Il eft encore digne d'at-tention que dans ce païs, comme dans les contrées du Nord, la bande cornée (57) &

Change-
ment de
fcène en
entrant
dans la
vallée de
Sion.

____

(56) Cette obfervation ne peut gueres fe faire, lorf-qu'on fe trouve à de grandes hauteurs; parce que les vapeurs qui forment les nuages, n'éprouvant plus d'attraction affez forte, fe répandent affez uniformément dans la région fupérieure de l'air; mais dans la profondeur d'une plaine environnée de pointes auffi élevées que celles des Alpes, on contemple à fon aife & prefque fans danger, les effets du pouvoir attractif des fommités des mon-tagnes envers les nuages, & du jeu de la matiere électrique que ceux-ci recelent.

(57) Le favant Wallerius en parlant des roches de corne feuilletées, s'exprime ainfi : feraciffima matrix auri & cupri effe folet. Sift. Min. Tom. I. pag. 373.

même graniteufe, eft auffi la plus riche en cuivre dont on commence à voir des vefti- ges dans la roche de corne de Charras.

Défert du Vallais. Tout le pays depuis l'entrée de la vallée de Sion jufqu'à Saint-Pierre eft inhabité, inculte, marécageux & mal fain, & fi la nature ici trifte & fombre, n'offre que des rochers prefque nuds & le plus fouvent dé- pouillés de verdure & des bois qui les ornoient dans la vallée du Rhône, l'art ne contribue pas à l'embellir; le peu d'habitations que l'on voit dans ce défert font ou fales & mal- propres, ou tombent en ruines. Nous paffâ- mes une nuit à la diftance de trois lieues de **St. Pierre.** Martigny, à Saint-Pierre, qui paffe pour un bourg, & qui n'eft qu'un très-vilain en- droit rempli de goëtreux & de Cretins.

Nous nous remimes le lendemain de bon matin en route, & à plus d'une demi lieue de St. Pierre, nous paffâmes fur un grand **La Luzer-** & beau pont, la riviere nommée Luzerne, **ne.** dont nous allâmes vifiter la rive gauche; elle coule avec impétuofité, en charriant des eaux grifes, bourbeufes, & dépofant fur une grande étendue de terrein entre les deux ro- chers qui la bordent, & fur toute la ligne de fon cours, une quantité prodigieufe de **Ses dé-** fable, de gravier & de cailloux roulés, qui **pôts.** paroiffent avoir rétréci fon lit. On la voit venir du fond d'une gorge, plus au Nord- Oueft, derriere la montagne près de laquelle nous l'avions traverfé, & enfuite tirer au Sud, en s'ouvrant un paffage dans ces rochers qui, à fon origine, après s'être élevés perpendiculairement au deſſus d'elle, ſemblent vouloir ſe rapprocher, comme pour former une voute à leur ſommet. De-là cette riviere ſe dirige vers le Rhône, & ſes eaux vont ſe perdre dans ce fleuve.

Les côtes eſcarpées & coupées à pic, qui bordent la Luzerne, offrent ſur une grande hauteur le ſpectacle intéreſſant de la coupe intérieure de ces montagnes (58); elle préſente d'abord à l'extérieur & immédiatement au deſſous du terreau, une enveloppe calcaire en couches épaiſſes, compactes, griſes, coupées de veines blanches; mais leur intérieur eſt de toute autre compoſition. Il eſt formé principalement de la roche de corne, feuilletée en lames fragiles (corneus ſiſſilis molior Wall. Syſt. Min. Sp. Tom. I. p. 170) qui ſont facilement décompoſées, détachées, emportées & roulées par les eaux de la Luzerne. A la rive gauche de cette riviere, ces lames ſont d'un gris de fer, légérement inclinées à l'horiſon, en s'élevant peu à peu vers le Sud-Eſt, ne préſentant que leurs parties inférieures ſinguliérement & irréguliérement ondulées, entremêlées quelquefois de couches minces de pierre calcaire, & traverſées de veines ſouvent fort épaiſſes d'un beau

Rochers qui le bordent.

A ſa rive gauche.

____

(58) C'eſt bien ici que l'on ne voit que trop combien le naturaliſte peut être ſujet à ſe tromper, lorſque la nature elle-même ou l'art ne viennent point à ſon appui; car ſi au lieu de faire voir ſes couches intérieures, la montagne ne préſentoit qu'une coupe de ſa partie tournée vers la vallée, quel eſt celui qui ne ſeroit tenté de la croire toute calcaire ?

quartz gras, auquel adhére souvent & avec force, une lame ou croute sinueuse de la roche cornée; (corneus Tunicatus, Wall.) ces veines suivent par-tout les ondulations de la roche cornée qui leur sert comme de salbande; ce qui prouve que la roche de corne & le quartz ont été formés ici en même tems, que ce dernier a dû nécessairement être mou, lors de sa formation dans les cavités qui le renferment, que les roches cornées n'ont d'autre rapport avec les laves des volcans, que d'être ondulées, comme des matieres ci-devant en fusion (59); rapport,

Preuves tirées de l'inspection du lieu.

(59) M. le Baron d'Olbach dans sa traduction de la minéralogie suédoise de Wallerius, paroit avoir été de l'opinion que ces pierres sont des especes de laves, & il y propose modestement ses doutes sur cet objet au célebre minéralogiste Suédois. Au reste, cette idée n'est pas la seule qu'on ait eue sur la roche de corne; voici comme l'historien des volcans éteints du Vivarais & du Velay s'en exprime: „ J'ai vû plusieurs pierres de corne qui n'étoient „ formées qu'avec une matiere argilleuse plus ou „ moins dure & variée par la couleur, plus ou „ moins pénétrée par du schorl en feuillets ou en „ grains : on sent combien le nom de roche de „ corne en ce cas-là est impropre (Mém. sur les „ schorls à la tête de ses recherches sur les vol- „ cans éteints, page 98) ". D'après ce passage, ceux qui précedent & suivent, on voit que M. Faujas, parce qu'il croit avoir vû du schorl dans la roche de corne, ou parce qu'il a vû des schorls qu'on a abusivement qualifiés du nom de roche de corne spathique, paroit soupçonner qu'on pourroit ranger la roche de corne parmi les schorls; & il ajoute plus loin „ que l'on voit que les minéralogistes du

qu'auroit auſſi avec elles, comme on le voit, le quartz qui, cependant à ce que je ſache, n'a jamais été regardé par aucun naturaliſte, comme matiere volcanique ; qu'enfin, l'une & l'autre pierre n'étant point évidemment des produits du feu, ne peuvent certainement être dùs qu'aux eaux primitives qui, dans les commencemens des ſiècles, couvroient la ſurface de notre globe.

A la rive droite de la Luzerne, le roc intérieur offre les mêmes phénomènes. C'eſt encore la roche de corne feuilletée, mais tirant plus ſur le noir ; ici ſes lames ne ſe préſentent plus non plus de champ, comme à la rive gauche, mais on voit ſurtout vers le ſommet du roc leur face ſupérieure qui avan-

---

„ Nord ne vont encore qu'en tâtonnant au ſujet „ de l'horn-blende, ou de la blende de corne, ” même ouvrage, pag. 99. Cela eſt vrai à la lettre juſqu'au tems où a paru la minéralogie latine du célebre Wallerius ; mais dans ce ſavant ouvrage, cet auteur a aſſigné à la plupart des ſubſtances qu'il décrit, des caracteres ſi marqués & ſi tranchans, que l'on ne peut plus ſans injuſtice accuſer les *minéralogiſtes du Nord* de ne marcher dans ce ſentier *qu'en tâtonnant* ; & qu'il n'eſt plus, ce me ſemble, permis à aucun minéralogiſte, de quelque pays qu'il ſoit, de confondre, à moins d'erreur volontaire, les ſchorls avec la roche cornée ſpathique ; ainſi ce que M. Faujas de St. Fond (il me permettra de le dire) avance ici ſur les roches de corne, n'eſt guère mieux fondé que le reproche qu'il fait à M. Wallerius d'avoir confondu l'alun de plume des boutiques avec le ſchorl fibreux, ni que ce qu'il dit par rapport à la vertu magnétique des ſchorls, vertu

ce souvent au dehors, & qui formoit les feuillets en recouvrement au-dessus de ceux de la
rive gauche. Cette correspondance est admi-
rable, & forceroit le plus incrédule des hommes à ne point douter de la continuité des
couches de la montagne ici dans les tems
d'une époque fort reculée.

Mines de cuivre. Les rochers des deux rives de la Luzerne,
mais surtout ceux de la rive droite, font
voir plusieurs veines de mines de cuivre qui
paroissent fort riches; surtout celles qui se
trouvent dans un plus grand enfoncement,
& dont j'ai ramassé de jolis échantillons roulés au bord de la Luzerne. J'y ai reconnu
beaucoup de cuivre précipité, & de la mine
de

---

qu'il prétend avoir découvert n'être due qu'au feu
volcanique; (voyez les pag. 93 99 & suiv. du même
mémoire). Si M. Faujas se donne la peine de lire
avec attention l'ouvrage de Wallerius, il verra qu'il
y distingue deux aluns de plume dans la note qui
appartient à l'espece 164, Tom. I. de sa minéralogie „ *hoc alumen plumosum non confundi debet*
„ *cùm alumine plumoso nativo . . . nec cùm alu-*
„ *mine plumoso lapideo, quod inter basulticos la-*
„ *pides est descriptum. Spec.* 151. *Lit. a atque facie*
„ *sua extrinseca vitrea, & texturâ maximè fragili, ab*
„ *hocce alumine plumoso asbestino distinguitur &c.".*
Si M. Faujas se donne encore la peine de lire avec
la même attention l'ouvrage de M de Saussure, il
y verra qu'en parlant des schorls. il dit expressé-
ment: „ Tous les schorls que nous trouvons dans
„ nos environs agissent sur l'aiguille aimantée, &
„ contiennent par conséquent du fer ". (Voyage
dans les Alpes).

de cuivre verdâtre. Un de ces échantillons que j'ai en mon pouvoir, eſt un morceau fort inſtructif & précieux pour la théorie de la formation du cuivre précipité ; c'eſt une roche de corne roulée griſe , où l'on voit des veſtiges de pyrite cuivreuſe verdâtre , granuleuſe (minera cupri virideſcens. Wall. ſp. 355. ſyſt. min. Tom. I.) recouverte par une couche vitriolique, jaune & fort mince, qui elle-même eſt recouverte par une croute fort mince & rouge , de cuivre précipité, ſous forme métallique. *Morceau précieux pour l'inſtruction.*

Bientôt une petite pluye qui commença à ſe faire ſentir, & les nuages accumulés ſur nos têtes qui nous faiſoient craindre un tems encore plus mauvais, nous chaſſerent de ces lieux qui, quoique ſauvages & ſans agrément peut-être pour bien des gens, avoient mille attraits pour moi : nous preſſâmes donc un peu notre marche, & nous arrivâmes encore d'aſſez bonne heure à Sion, où nous nous arrêtâmes un jour & demi pour en obſerver les environs. *Arrivée à Sion.*

CHAPITRE VIII.

Environs de Sion.

Sion.

QUand nous eumes un peu reconnu l'endroit où nous nous trouvions, nous vimes bientôt que la ville de Sion, fiege épifcopal, éloignée de deux lieues de Saint-Pierre, étoit une vieille & vilaine ville, & qui pouvoit auffi-bien, à ce qu'il nous parût, paffer pour la capitale de la triftefle & de l'ennui, que pour celle du haut Vallais; auffi cherchâmes-nous hors de fes murs des objets plus intéreffans que fes antiques & peu agréables bâtimens.

Environs de Sion.

Au Sud-Eft de Sion, eft une éminence ifolée, au fommet de laquelle eft l'ancien château des évêques de cette ville, qui tombe en ruines, & n'a de remarquable que fa fituation : nous y montâmes, & c'eft de-là que je pus étudier la partie de cette vallée qui environne Sion.

Vue depuis le château de Tourbillon.

En regardant du côté d'où nous étions venus, on voit à trois quarts de lieue de la ville, le large torrent de Morgia que nous avions paffé, qui fe jette dans le Rhône, & coule au pied & à la face Oueft du Mont

Le mont Orge.

Orge. Le Mont Orge élevé environ de 180 pieds au-deffus du niveau de la plaine de la vallée, eft une hauteur ifolée, de forme allongée, préfentant une côte couverte de ver-

dure, qui va en s'abaiffant de plus en plus,
de maniere à n'avoir plus gueres que 20 à
30 pieds de haut vers Sion; il va enfuite en
ligne un peu oblique, fe joindre à la grande
chaîne, au pied de laquelle eft fituée la capitale du haut Vallais, & vis-à-vis le mont
Valleria, où la côte qu'elle préfente fe nomme Mont Comba. Vis-à-vis & au Sud du
Mont Orge, s'éleve une autre côté pareille
& de même forme, mais plus efcarpée du
côté qui regarde la partie méridionale du
Mont Orge, & ayant une pente plus douce
du côté oppofé à celui-là, elle ne s'étend
que fur une longueur d'environ un quart-
de-lieue. Entre ces deux côtes, on n'eft point
étonné de voir plufieurs folaces marécageu-
fes, garnies de rofeaux, dans des bas fonds
où s'amaffent & croupiffent les eaux de pluye
qui viennent de ces hauteurs. Toutes les
deux, ainfi que je l'ai dit, font de même
forme, de même hauteur & de même nature; elles font compofées vers leur partie
occidentale, de couches ou lamelles minces
d'une roche feuilletée, quartzeufe & micacée,
avec un mica jaune qui la rend fort graffe
au toucher, & coupée de veines de quartz;
& vers leur partie orientale, de la même
roche quartzeufe, micacée, dont le mica eft
noir (faxum fornacum Wall. fp. 203). La
côte vis-à-vis le Mont Orge eft terminée du
côté de Sion, par un monticule ifolé, qui
en eft féparé par une gorge, & qui corref-
pondant à la partie du Mont Orge, compofée
de roche quartzeufe, eft auffi de même nature.

De l'autre côté de Sion eſt le Mont & le Château de Valleria , vis - à - vis le Mont Tourbillon, d'où j'ai dit plus haut que nous plongions des yeux dans la plaine & ſes environs. Ces deux hauteurs ne ſont ſéparées que par une gorge qui elle-même peut avoir près de 70 pieds au - deſſus du niveau du Rhône. Depuis le fond de cette gorge , la ſeconde de ces hauteurs peut être élevée de 180 à 190 pieds, & du double plus que la premiere. Le Rhône coule au pied du Mont Tourbillon qui eſt de forme un peu allongée vers l'Eſt, & paroit entierement compoſé de roche quartzeuſe, feuilletée & micacée, de couleur griſe. Le Mont Valleria, dont le château eſt moins ruiné & habité par un garde eccléſiaſtique, eſt de forme preſque conique, & eſt encore compoſé de roche quartzeuſe, feuilletée & micacée, blanche, très-dure & très-compacte, parce que le quartz en fait le principe dominant, ſervant quelquefois, ſurtout vers le ſommet de la petite montagne au-deſſous du château, d'appui à la roche de corne feuilletée & traverſée en divers ſens de veines d'un beau quartz gras , dont je poſſede un échantillon où l'on voit quelques fentes remplies de cryſtaux de roche très- petits, mais bien tranſparens, & d'une belle eau (60).

---

(60) Ces détails, je le ſens, pourront paroître ſecs à pluſieurs de mes lecteurs, mais je ne puis les négliger ; ils doivent, ce me ſemble, être intéreſſans pour les minéralogiſtes, & doivent d'ailleurs ſervir

La partie inférieure & septentrionale de cette hauteur, offre un épais & beau filon de mine de cuivre ; ce n'eſt preſque que du cuivre pur précipité, avec des veſtiges de pyrite cuivreuſe. J'y ai trouvé auſſi deux beaux morceaux de quartz où l'on voit diſperſée çà & là, comme par groſſes taches, la mine de cuivre hépathique, ſolide (minera cupri hepatica, ſyſt. min. Wall. ſp. Tom. II. 348.) mais elle y eſt fort rare. L'on a ouvert à grande peine une carriere dans la mine même, dont on ignore ici l'exiſtence juſqu'à préſent, quoiqu'on l'aye tous les jours ſous les yeux (61) : on ne ſe ſert que de la pierre qu'on en tire pour la bâtiſſe & la maçonnerie.

Mine de cuivre.

Inconnue aux gens du pays.

Le coup-d'œil de ces hauteurs, depuis le ſommet du Mont Tourbillon, ſéparées & iſolées les unes des autres, eſt des plus curieux : elles paroiſſent à la premiere vue comme jettées au hazard, & diſperſées ſans ordre & ſans ſymmétrie dans la plaine ; mais une inſ-

Singulier coup d'œil de ces hauteurs iſolées.

---

appuyer mes aſſertions, en démontrant l'identité de nature dans tous ces monts iſolés.

(61) Cela eſt ſi vrai, qu'un apothicaire, l'un des hommes peut-être le plus inſtruit de Sion, que je vis aux eaux de Louëche où il étoit venu pour cauſe de maladie, me marqua la plus grande ſurpriſe, quand je lui parlai de mines de cuivre dans les environs de cette ville, & revenant alors de ſa léthargie vallaiſanne, il me fit les queſtions les plus empreſſées ſur les eſſais qu'on pourroit tenter ſur ces mines, & les auteurs qu'il pourroit conſulter là-deſſus.

pection plus exacte, un examen plus réfléchi
sur leurs positions respectives, fait bientôt
appercevoir dans ce désordre apparent, un
certain ensemble que l'on n'avoit pas d'abord
saisi, qui fait reconnoître qu'elles n'ont pas
toujours été ce qu'elles sont aujourd'hui, &
donne lieu de hasarder quelques conjectures
étayées par les observations locales.

Conjectu-
res sur
leur pro-
duction.
   Si l'on se rappelle tout ce qui vient d'être
dit; si l'on a fait attention à la nature & à
la contexture intérieure de ces Monts isolés;
si de plus, on remarque qu'ils ont tous leur
escarpement tourné vers la chaine qui borde
la vallée au Nord, & qu'au contraire leur
pente la plus douce se trouve toujours vers
la partie opposée; on n'aura pas, je pense, de
peine à concevoir qu'ils ne formoient jadis
qu'un même corps de montagne, dont les
Elles
n'ont pas
toujours
été sépa-
rées les
unes des
autres.
parties désunies aujourd'hui, ont été détachées les unes des autres par une révolution
dont il est tems de parler.

   Nous n'avons que trop de preuves des plus
convainquantes que la mer a couvert les plus
hautes montagnes du Vallais, comme celles
des autres contrées; comme celles-ci offroient
dès leur formation des inégalités, les eaux
qui les pressoient de toutes parts les minoient,
les creusoient lentement, mais sans-cesse, en
raison des loix de la pesanteur de leurs molécules toujours actives; de-là des vallées,
des gorges & des courans marins, qui étant
plus ou moins rapides, ont agi sur ces masses avec plus ou moins de violence; c'est
donc un de ces courans prodigieux qui a

formé les vallées de Sion & du Rhône. On conçoit quelle devoit être la force & la puiſſance d'un courant auſſi prodigieux ; l'on conçoit avec quelle facilité, il a pu former en ſillonnant, un lit auſſi immenſe que celui qu'il s'étoit fait ici, des pointes avancées, des caps, des golfes, des eſpeces d'isles ſous-marines &c. ; l'on conçoit alors que les Monts Tourbillon, Valleria, Orge & les côtes vis-à-vis de celui-là, étant attenans les uns aux autres, & à la grande chaine au Nord de la vallée, pouvoient former un cap ou pointe avancée pareille ; que ce cap avec la partie avancée de la chaine de montagnes au Sud de cette vallée, & au Sud-Oueſt de la côte iſolée, vis-à-vis du Mont Orge, formoient un détroit fort étroit, & où le courant devoit s'engorger avec une violence extrème ; que le cap ou pointe que formoient ces hauteurs réunies, offroit alors un baſſin ou baye aſſez conſidérable qui, s'ouvrant entre les parties orientales & occidentales du Mont Orge & des Monts Valleria & Tourbillon, tirant enſuite au Nord-Eſt où eſt la jonction du mont Orge avec le mont Comba, ſe terminoit là en pointe ; là la puiſſance éroſive de l'eau, augmentée par l'impulſion communiquée par la partie du courant qui s'engorgeoit dans le détroit dont j'ai parlé plus haut, joint à quelques enfoncemens ou eſpeces de bayes plus petites, creuſées dans le roc qui bordoit de tout côté la grande baye, ont donné lieu aux excavations de ſe prolonger de plus en plus ; de-là les gorges & vallons

Elles formoient autrefois un Cap ſous-marin.

On y voyoit un baſſin.

On les excavations ſe font augmentées de plus en plus.

entre les monts Valleria & Tourbillon; entre le mont Orge & la côte qui eſt vis-à-vis & entre ces hauteurs & la grande chaîne dont elles faiſoient partie; de là, comme on le voit, leur iſolement & l'aſpect ſingulier qu'elles préſentent.

Après avoir conſidéré les effets des antiques courans de la mer, & avoir admiré ſes impoſans veſtiges; après avoir parlé de la nature de ces montagnes, je terminerai ce Chapitre en diſant, que celles des environs de Sion, qui font partie de la grande chaîne au pied de laquelle eſt ſituée cette ville, ſont couronnées à leur ſommet, par des couches de la roche de corne ſpathique & quartzeuſe verte. (Saxum ferreum Wall. ſp. 212.)

Nature des montagnes au Nord de Sion.

où la roche cornée domine & eſt mêlée de très-petites lames de feld ſpath blanc, qui y eſt fort difféminé. (62)

____

(62) Il eſt étonnant qu'à St. Pierre, Charras & autres lieux, on ſe ſerve de cette pierre pour la conſtruction des fourneaux, à cauſe de ſa grande fuſibilité.

CHAPITRE IX.

Route de Sion à Sierre. Cours du Rhône. Anciens vestiges des dépôts de ce fleuve.

APrès avoir fait à Sion tout ce que nous avions à y faire, nous ne tardâmes pas, comme on le juge bien, à en partir. A une lieue & un quart de Sion, nous vimes encore trois hauteurs isolées, dont la plus petite au milieu, placée sur le même niveau que la partie la plus haute de la côte, qui descend du mont Comba dont j'ai parlé plus haut, par conséquent plus élevées que les monts Valleria, Tourbillon, Orge, &c. & formées apparemment par les mêmes causes que ces derniers. A une demi lieue de Sion, coule la riviere nommée le Born, qui vient des glaciers du même nom, faisant partie des chaînes de montagnes au Sud de cette vallée. Cette riviere qui roule des eaux blanchâtres, comme toutes celles qui viennent des glaciers, va se jetter dans le Rhône.

Il est à observer que plus on avance dans la vallée de Sion, & plus elle se rétrécit & s'éleve ; elle est marécageuse en divers endroits. A une petite lieue de Sion est le village de Bramoy ; c'est ici que l'on commence à observer de tous côtés les traces non équivoques de l'ancienne majesté du beau *du fol de ces vallées par le Rhône.* fleuve qui traverfe cette vallée. Dans le premier voyage que j'avois fait dans une partie du Vallais, au mois de Mai de cette année, j'avois imaginé que la vallée du Rhône étoit tout autant due aux dépôts des torrens impétueux qui defcendent du haut des montagnes, qu'aux eaux de ce fleuve ; mais dans ce voyage ci, je commençai déja par une infpection plus exacte du fol, à conjecturer que ce fleuve avoit eu la plus grande part à fa formation, & enfin quand je me trouvai ici, la vérité s'offrit dans un tel jour, que je ne pus douter de ce que je voyois devant moi. Mais examinons d'abord foigneufement les faits, tels qu'ils fe préfentent à mefure que nous avançons, & nous verrons enfuite quelles font les conclufions que nous devons en tirer.

Applaniffement prefque fubit de la plaine & du lit de ce fleuve. A un quart-de-lieue, & en deça de Bramoi où la plaine s'abaiffe prefque fubitement, le Rhône fait angle avec lui-même, & s'éloigne pour quelques inftans de nous, en quittant le pied de la grande chaine au Sud de la vallée, pour arriver ici en tirant au Nord-Eft. A cet angle, le Rhône s'élargit confidérablement, & coule à peine au milieu du fable & du gravier, dont il s'eft défaifi à l'extrémité de cette expanfion de fes eaux ; à fa rive *Eminences fablonneufes auprès de ce fleuve.* gauche, s'élève un monticule de fable ou dune de 39 à 40 pieds de haut, miné & coupé, fur une grande partie de fa hauteur à pic, par le fleuve & du côté qui lui fait face ; en marchant plus à l'Eft, de diftance en diftance, fuivent précifément derriere cette petite Dune, & au nombre de quatre ou cinq, d'autres petites éminences de même nature, plus ou moins arrondies, & qui vont toujours en décroiſſant en hauteur; les dernieres ſont les plus couvertes de verdure.

De Bramoi à Grols, autre village du haut Vallais, on compte une lieue; & à un quart-de-lieue en face de Grols, on commence à avoir le ſpectacle bien ſingulier d'une infinité d'élévations iſolées, qui ſe prolongent juſqu'à Sierre, en bordant le Rhône, ſurtout à ſa rive droite, ſouvent à ſa rive gauche, fréquemment au milieu de la plaine de la vallée. C'eſt ainſi qu'en approchant de Sierre, elles forment pluſieurs chaines de Dunes, ſemblables en petit à celles que l'on voit entre le lac de Harlem & la mer en Hollande, & entre leſquelles coule le Rhône. Ces hauteurs qui bordent ce fleuve, élevées environ de 60 à 70 pieds au-deſſus de ſon niveau, ſont compoſées des mèmes couches que les montagnes de la grande chaine au pied de laquelle elles ſe trouvent, qui ſont ou la roche cornée, ou la pierre calcaire noire, à petits grains, coupée de veines blanches (63);

Hauteurs plus conſidérables entrelacées en forme de chaines de Dunes.

Leur nature.

---

(63) Les couches que forment ces pierres qui ſont tendres & fragiles, paroiſſent avoir été plus ou moins dérangées & ſouvent comme déſunies & briſées; telles ſont viſiblement celles de l'isle de Gradetz, du ſommet de laquelle s'avance une maſſe énorme de roc, comme ſuſpendue en l'air, apparemment parce que les couches inférieures qui lui ſervoient de point d'appui, ſe ſont éboulées, & ont été emportées au loin.

celles-là paroiſſent avoir fait partie de la côte qui deſcend de la grande chaine; ou, elles ſont compoſées de ſable, de gravier, de limon, comme le lît de ce fleuve, ſurtout celles qui ſe trouvent à la rive gauche du Rhône ou celles qui en ſont le plus éloignées, & celles-là paroiſſent avoir été formées là où on les voit préſentement : elles ſont toutes de forme différente, approchant beaucoup la plupart de la conique, applaties ou arrondies à leur ſommet où l'on voit ſouvent des vieilles tours ou des bâtimens antiques ou modernes, ou des cailloux roulés.

Quelle eſt l'idée qu'on doit ſe faire ſur l'origine de ces eſpeces de Dunes.

Qui croiroit que ces amas de ſables & de limon, ces dunes, ces monticules iſolés qui préſentent un coup-d'œil ſi pittoreſque, & qui occupent preſque toute la largeur de la vallée (qui n'eſt ici de gueres plus d'une lieue), ſoient les produits des éroſions & des attériſſemens prodigieux, d'un fleuve dont la largeur aujourd'hui eſt en général ſi peu conſidérable, & dans cette vallée & dans celle du Rhône ? c'eſt cependant ce dont on ne peut, ce me ſemble, douter d'après les détails que je viens d'expoſer. Mais comment cela s'eſt-il pu faire ? c'eſt ce que nous allons examiner; mais avant toutes choſes, il eſt une obſervation bien intéreſſante à faire qu'il ne faut pas négliger ;

Deux époques d'attériſſemens à obſerver.

c'eſt que l'on apperçoit ici les veſtiges certains & bien marqués, de deux attériſſemens dûs à des époques bien différentes.

Les plus hautes montagnes que nous connoiſſions, étoient ſans doute bien plus hautes encore lors de leur formation par les mers, que lorſque cet immenſe océan a commencé à les abandonner , & à s'écouler au travers des iſſues qu'il s'étoit ouvert dans leurs épaiſſeurs, après avoir longtems enveloppé leurs ſommités; elles étoient plus hautes encore que de nos jours, lorſque après l'écoulement des mers, la grande quantité des vapeurs aqueuſes répandues dans l'air, eût formé dans le ſein de ces montagnes même de vaſtes réſervoirs d'eaux qui, à leur tour, s'y ſont creuſés de nouveaux paſſages, & ont produit les torrens, les rivieres, les fleuves, dont la rapidité, & par conſéquent la puiſſance, étoit alors bien plus grande qu'aujourd'hui ; mais le frottement & les efforts perpétuels de ces terribles maſſes d'eaux, ont été cauſe de l'affaiſſement des montagnes, & de l'abaiſſement de leurs lits; de la diminution de leurs eaux & en un mot du ſyſtème actuel des choſes.

Le Rhône donc, comme les autres grands fleuves du monde, a été ſoumis à la même loi ; ſon lit a été bien plus élevé autrefois, & la pente de ces vallées bien plus conſidérable; il rouloit alors avec fureur les débris qu'il avoit arraché des montagnes ; & telle étoit la force de ſon cours qu'il les entraînoit à une diſtance preſqu'inconcevable (64).

____

(64) On voit pluſieurs lits de ces cailloux en France, aux environs de Nimes, de Vienne, de Valence, de Montelimar & d'Orange, que M. le Baron de Servieres prétend avoir été dépoſés par

Premiere
époque.

Les détériorations continuelles de ces rochers & de leurs parties, ont égalifé peu-à-
peu fon lit ; alors, il a dépofé des cailloux,
le fable & le limon que ceux-là ont entrainés avec eux, en fe précipitant au fond, dans
cette partie de la vallée entre Sierre & Bramoi, qui eft maintenant l'endroit où elle

---

le Rhône feul ; il dit à ce fujet : „ que les cailloux
„ de Nimes font exactement de même forte que ceux
„ difféminés fur les bords du Rhône, depuis Geneve
„ jufqu'à l'embouchure de ce fleuve dans la mer. ”
(Voyez fon excellent mémoire fur les cailloux
des environs de Nimes ; Journal de phyfique du
mois de may 1783) M. de Sauffure paroit à la
vérité avoir prouvé, que les cailloux des environs
de Geneve & des autres plaines de la Suiffe, font
dûs aux courans marins qui ont fillonnés les Alpes ;
mais il paroit en effet, qu'on ne peut attribuer
la même origine à ceux des environs de Nimes,
&c : parce que ces endroits ne peuvent s'être
trouvés dans la direction de ces courans ; au refte,
il eft une obfervation à vérifier, qui, fi elle eft fondée, me paroît très-propre à établir, fi c'eft aux eaux
des mers, ou à celles des fleuves que font dûs les
amoncellemens & les collines de cailloux ; il m'a
paru remarquer qu'en général ces fortes d'apports
faits par les mers, laiffent toujours voir dans leurs
environs des maffes fouvent énormes & ifolées
des mêmes fragmens de rochers dont font compofés les cailloux en queftion, traces non équivoques
de la puiffance extraordinaire qui les a entrainés
jufques-là ; d'un autre côté, il m'a paru que ceux
dépofés par les fleuves, font plus réguliérement
roulés, de grandeurs moins inégales entr'eux, &
ne font point voir dans leurs environs ces caracteres de majefté que la mer feule laiffe après elle.

commence à s'abaisser ; ce qui a formé des isles qui en ont conservé la forme de nos jours, & sur quelques-unes desquelles ont voit encore quelques cailloux roulés qui y ont été laissés, lors de leur formation ; tandis qu'on n'en remarque pas un dans la plaine, apparemment parce que ce fleuve resserré entre ces isles avoit acquis de nouvelles forces. C'est aussi dans ce tems, que le fleuve creusant les parties plus ou moins avancées & plus ou moins décomposables (s'il m'est permis de me servir de cette expression) de ses bords, a formé ainsi des isles non-seulement par le moyen des attérissemens, mais aussi par érosion.

Iles produites des dépôts du fleuve.

Iles produites de ses érosions.

Tous ces effets, comme on le comprend bien, ont été fort lents, & ont demandé une très-longue série de siecles pour s'effectuer. (65) Alors le Rhône, après tant de travaux, s'est abaissé à-peu-près au point où il est aujourd'hui, & ses eaux se sont portées à des distances considérables, & ont

Seconde époque.

---

(65) L'embouchure du Rhône dans la mer, étoit outrefois bien en deçà de l'endroit où elle est aujourd'hui, & le savant Astruc cité par M. le Baron de Servieres, (Voyez le *Mémoire* dont il est fait mention dans la note précédente) suppute que l'étendue des côtes de France depuis la mer, n'a guères accru par les dépôts du Rhône de plus de trois lieues en trois mille ans : si l'on pouvoit certifier la justesse de ce calcul, que l'on juge quelle est la lenteur des opérations de la nature.

submergé de grands espaces de pays (66) ; alors, ce fleuve coulant avec lenteur, n'ayant plus assez de force pour entrainer avec lui des fragmens de rochers, a cessé de charrier des cailloux, mais il a continué d'entrainer avec soi des terres & des sables qu'il a déposé à mesure que son cours s'est rallenti, par couches successives les unes au-dessus des autres, & ces dépôts ont encore peu-à-peu & très-lentement, comblé une grande partie de son lit, resserré ses bords, & même formé des plaines plus ou moins étendues, en-tr'autres celles de Sion & du Rhône, qui, après avoir été longtems le séjour des eaux, sont devenues celui des hommes, qui, en ayant desséché les restes qui y croupissoient enco-re, & formoient des marais, en ont defri-ché le sol, l'ont cultivé, & ont ainsi changé le royaume de Neptune en celui de Cérès. C'est à cette seconde époque des attérisse-mens du Rhône, que se sont formées les petites isles sablonneuses que l'on voit à un quart de lieuë de Bramoi ; il paroît même que lors de leur formation, le fil de l'eau se trouvoit sur la même ligne que ces émi-nences. & que cette partie de la plaine s'applanissant insensiblement, elle formoit ces dépôts en raison inverse de la rapidité de son cours.

Tels

---

(66) Voyez encore ce que Monsieur le Baron de Servieres dit à ce sujet dans l'ouvrage cité.

Tels font les phénomènes étonnans produits par un fleuve fi peu puiffant aujourd'hui, que l'on ne peut réellement voir fans admiration les veftiges refpectables de fon ancienne grandeur & gloire. (67)

---

(67) Si de pareils effets ont droit de nous étonner, quelle fenfation ne doit pas produire fur nous la contemplation de ceux opérés par ces grandes maffes d'eaux, ces fleuves fuperbes du nouveau monde, tels que le Miffiffipi, l'Amazone &c. ? l'on ne peut gueres douter que tout le pays au midi & au nord du fleuve des Amazones n'ait été couvert, & formé jadis par fes eaux, & ne foit encore fubmergé, lors de fes prodigieux débordemens ; ce que nous dit M. de la Condamine dans la relation de fon voyage femble le confirmer : ,, le 4 , ,, nous commençames à voir diftinctement des mon- ,, tagnes du côté du Nord, à douze ou quinze ,, lieues dans les terres. C'étoit un fpectacle nou- ,, veau pour nous qui, depuis le Congo, avions na- ,, vigué deux mois fans voir le moindre côteau ... ,, Voilà donc un pays immenfe de plaines conti- ,, nues, & où la vue s'égare” ; ailleurs il eft dit : ,, les lacs & les marais fe rencontrent à chaque pas ,, fur les bords de l'Amazone, & quelquefois bien ,, avant dans les terres &c. ”. Pour avoir fubmergé tout ce pays, quelle n'a pas dû être la largeur de ce fleuve autrefois, & pour l'inonder encore aujourd'hui à des diftances fi confidérables, quelle ne doit-elle pas être encore maintenant ? Ecoutons encore le favant académicien que nous avons cité : ,, Depuis la rencontre du Xingu avec l'Amazone, ,, la largeur de celle-ci eft fi confidérable qu'elle ,, fuffiroit pour faire perdre de vue un bord de l'au- ,, tre , quand les grandes ifles qui fe fuccedent les ,, unes aux autres, permettroient à la vue de s'é-

Le Rhône a conservé encore des restes de son ancienne grandeur.

Malgré les monumens remarquables de la dégradation du Rhône, c'est encore de nos jours un des plus beaux fleuves de l'ancien continent ; on le voit à la vérité trainer avec lenteur des eaux peu profondes presque dans toute l'étendue de son cours, au travers des deux vallées qu'il parcourt dans toute leur longueur ; mais de quelle agréable surprise ne doit-on pas être saisi, quand on voit ses eaux blanchâtres dans la vallée de Sion, grisâtres & comme bourbeuses dans celle qui porte son nom, revêtir tout-à-coup une couleur nouvelle, symbole de leur pureté, & se précipiter en murmurant & en écumant, pour ainsi dire, dans un nouveau lit près de Geneve, où elles prennent une face nouvelle, en s'élargissant considérablement, & devenant dès-lors capables de porter les plus gros bâtimens marchands ? On conçoit quelle doit être encore la masse actuelle de ses eaux, pour être susceptible d'une pareille métamorphose ; aussi reçoivent-elles des accroissemens de toutes parts, & sans parler des rivieres d'une certaine étendue, & d'autres moins remarquables qui viennent

Il change de couleur & s'élargit aux environs de Geneve.

Grande quantité d'eau qui vient s'absorber dans le Rhône.

„ tendre ". (Voyez la relation du voy. de la Riv. des Amazones par M. de la Condamine). On ne peut assez regretter que M. de la Condamine ayant parcouru ce beau fleuve sur une longueur de plus de 3000 lieues, ne nous ait pas laissé des détails plus satisfaisans & circonstanciés sur son histoire naturelle, & celle de ses environs.

les enrichir depuis qu'elles ont quitté le lac de Geneve, nous avons vu dans les deux grandes vallées que traverse ce fleuve, avant que d'y arriver, la grande eau, l'Avançon, la Drance, la Luzerne & des torrens moins considérables lui faire également hommage de leurs eaux ; nous vîmes encore, en continuant notre route, le torrent de Réchi, passant par le village du même nom, à une lieue de Grols, & charriant de grosses masses de cailloux roulés, & à une demi lieue delà, la riviere d'Avicenza sâle & de couleur laiteuse, venant des glaciers d'Annuvia, situés comme la source de Réchi, parmi les chaines au sud de la vallée, porter encore toutes deux leurs eaux en tribut au Rhône.

La vallée de Sion qui se dirige de l'est au sud-est, se rétrécit de plus en plus depuis son entrée, & son sol s'élève peu-à-peu de plus en plus, ainsi que nous l'avons vu plus haut ; mais aux environs de Sierre, elle s'élargit un peu de nouveau, & son sol n'est plus qu'une plaine sablonneuse, produit des dépôts continuels des débordemens du Rhône, qui commencent à devenir terribles ici ; & quoiqu'il n'y ait en tout de Sion à Sierre que deux lieues & demi, de pareilles inondations obligent souvent les voyageurs à de grands détours.

Il est à observer que tout le roc des montagnes du Vallais depuis Sion, est toujours la roche quartzeuse feuilletée & micacée, ou blanche, ou jaunâtre, ou blanche mêlée de

Sion &
Sierre.

mica verd, & recouverte quelquefois de lames de la roche cornée d'un gris de fer, coupée par-ci, par-là, de veines de la pierre calcaire dont j'ai parlé plus haut.

Arrivée
à Sierre.

Nous arrivâmes à Sierre qui eſt une jolie petite ville, à quatre ou cinq heures du ſoir, très-fatigués de notre courſe.

C H A P I T R E X.

Environs de Sierre. Vallée d'Annuvia. Route de Sierre juſqu'au mont Gemmi. Dégats du Rhône & des torrens.

Sierre.

SIERRE eſt peut-être la ville la mieux bâtie & la plus agréable de tout le Vallais, & comme nous y avons paſſé une nuit, je crois rendre ſervice aux étrangers voyageans de ce côté, en leur conſeillant de ne point s'y arrêter, à moins d'affaires indiſpenſables ; car on n'y trouve qu'une ſeule auberge où l'on eſt abſolument obligé de s'arrêter : en

Avis aux
voya-
geurs.

cas qu'on ſéjourne dans cette ville, l'on y eſt à la vérité fort bien , mais l'aubergiſte qui eſt un boucher Allemand, rançonne cruellement & groſſiérement tous ceux qui ont affaire à lui, & traite les hommes avec autant d'inhumanité que ſes animaux.

Sierre ſe trouve ſituée à la rive droite du Rhône, & environnée de ſes ſables; elle eſt bornée au Sud par quelques - uns de ſes monticules dont nous avons parlé dans le chapitre précédent ; en montant sur l'un d'eux à un quart de lieue de Sierre, on saisit une partie de leur ensemble ; en même tems le Rhône , Sierre, & les montagnes de la chaine, au nord de la vallée, qui s'élevent couvertes de verdure & de bois au-dessus de cette ville, embellissent singuliérement ce tableau.

Coup d'œil intéressant.

Au Nord-Est & à un peu plus d'une lieue, si je ne me trompe de Sierre, s'ouvre la vallée d'Annuvia. Cette vallée est fort intéressante par sa grande richesse en fait de minéraux métalliques , & ses montagnes sont en grande partie composées de la roche quartzeuse, feuilletée & micacée. Je ne l'ai point examinée par moi-même , parce qu'ainsi que je l'ai dit dans l'introduction de cet ouvrage, je me flattois de la voir, ainsi que toutes les autres latérales aux vallées de Sion & du Rhône, à mon retour ; mais un Chatelain d'un village voisin de Sierre, a eu la complaisance de me céder plusieurs échantillons de ces mines dont il a entrepris l'exploitation, & dont la richesse & la beauté m'engagent à les faire connoitre ici , d'autant plus qu'elles offrent quelques détails très-intéressans. On trouve une belle mine de cobalt près du village d'Ayer ; les échantillons que j'en ai, présentent les variétés suivantes :

Vallée d'Annuvia.

Mines métalliques qu'elle recele.

De cobalt.

1°. Une galéne de cobalt à facettes ou paillettes plânes (Minera cobalti tessularis alba factura micans. Wall.) où l'on voit diſperſés quelques petits grains de quartz gras.

2°. Une autre galéne de cobalt, ſemblable à la premiere, accompagnée de ſa matrice qui eſt la roche dont j'ai parlé plus haut, & dont les feuillets ſont pénétrés de galéne à petits grains.

3°. Une galéne de cobalt à petits grains très-ſenſibles (Minera cobalti teſſularis granularis Wall. ſp. 292.) accompagnée de quartz noir.

4°. Une mine de cobalt cendrée compacte (Minera cobalti cinerea ſolida Wall. ſp. 293.) recouverte en partie par une ochre brune & accompagnée de ſtéatite verdâtre & d'un fluor d'un gris bleuâtre ſale ; c'eſt le fluor ſpathoſus de Wallerius.

5°. Une ochre de cobalt brune avec des fleurs de cobalt d'un rouge pâle , & des veſtiges de la mine en forme de ſcories.

De plomb argenti-fere.　On trouve dans cette vallée une mine de plomb tenant argent ; c'eſt une galéne à petits grains irréguliers dans un quartz gras, qui ſe trouve entre les villages de Luc & de Chandolin.

De cuivre.　On y trouve une mine de cuivre verdâtre ou pyrite cuivreuſe dont je poſſéde de jolis échantillons ; cette pyrite eſt de forme lamelleuſe, couverte de verd de montagnes & d'ochre rouge entre les lamelles (68); elle ſe

---

(68) Rien ne prouve mieux combien les minéralogiſtes modernes ont eu de fauſſes idées ſur les

trouve dans la montagne nommée Nova Mi-
nun au-deſſus du village de Miſſion ; la
même miniere fournit encore une pyrite
brune ſulphureuſe, fort riche en cuivre (Minera cupri flavo fuſca. Wall. ſp. 357.) J'en

---

procédés de la nature, que la diverſité de leurs
opinions ſur les décompoſitions & les reproductions
des ſubſtances métalliques. La chaux de cuivre rouge
dont il eſt ici queſtion, eſt la même que Cronſtedt
a nommé *Minera Cupri calciformis rubra*, & qu'il
a regardé comme le produit de la décompoſition du
cuivre natif; (c'eſt l'*ochra cupri rubra* de Wallerius qui la regarde comme produite de la décompoſition de la mine de cuivre hépatique); Valmont
de Bomare paroit avoir adopté la même opinion,
en plaçant cette ochre parmi les mines de cuivre
hépatiques &c. D'un autre côté, l'on voit également
cette ochre rouge ſur notre pyrite cuivreuſe de la
vallée d'Annuvia, qui y eſt également due à ſa décompoſition ; cela prouve que le même effet peut
provenir de pluſieurs cauſes. On ſait que le cuivre
calciné donne une chaux rouge ; la décompoſition
des métaux ſulfureux produit une chaleur aſſez conſidérable, qui n'approche pas à la vérité de la force
de celle de nos fourneaux, mais elle eſt apparemment plus continue & plus égale, & ce que l'art
obtient par la violence de cette chaleur, la nature
l'obtient peut-être par ſa conſtance ; la pyrite cuivreuſe arroſée par de bon eſprit de nitre, en eſt cor-
rodée, lui abandonne ſon phlogiſtique, & reſte au
fond du vaſe où s'eſt faite l'expérience ſous la forme
d'un ochre rouge indiſſoluble ; peut-être s'opere-t-il
quelque choſe de ſemblable dans les entrailles de la
terre.

possède un joli échantillon recouvert de verd de montagne, ainsi qu'un autre échantillon de mica ferrugineux gris (mica ferrea Wall. sp. 328.) très-attirable à l'aimant, venant de la même vallée, mèlée de petits grains de quartz gras & d'ochre jaune; mais ce que ce dernier offre de plus intéressant, c'est un vrai bleu de Prusse natif & pulverulent, disséminé par-ci, par-là. MM. Vallerius, Cronstedt, Sage, parlent d'une pareille substance ferrugineuse dans de la tourbe ou de l'argille; je possede moi-même un très-beau bleu martial, dans une tourbe limoneuse qu'on m'a donné pour être des environs de Bois-le-duc; mais jusqu'à présent, je ne sache point que personne en ait découvert dans aucune mine de fer, & sa présence même dans cet échantillon est assez singuliere & difficile à expliquer, d'autant plus qu'elle s'y trouve de maniere, à faire présumer qu'elle est due à la décomposition du mica ferrugineux.

Nous partimes de bon matin de Sierre, & peu loin de la ville, nous vimes encore le torrent de Scheffely, couvrant sa route dans la vallée de graviers & de cailloux, se jetter dans le Rhône. A une demi-lieue de cette ville, nous traversâmes le village de Salges, à une demi-lieue duquel est celui de Varona; ici nous nous trouvions presqu'au-pié de la haute montagne du même nom; la partie inférieure de cette montagne, descend en pente douce, en forme de côte boisée & couverte de verdure, tandis que son

ſommet eſt compoſé de bancs calcaires min-
ces & horizontaux dont la continuité eſt Sa nature & ſa forme.
interrompue en pluſieurs endroits ; elle of-
fre aux regards un grand front de rocher
coupé à pic du côté qui regarde la vallée,
& dont l'extrêmité la plus orientale paroît
détachée du reſte & comme écroulée en partie, & l'on apperçoit dans la grande face du
roc une immenſe caverne ; cette caverne,
la rupture des couches de cette montagne, A quoi at-
cette apparence de ruines & de dégradations, tribuée ?
ſemblent dûs à un ou pluſieurs éboulemens,
ſemblables à celui qu'a éprouvée la cinquieme pointe des Diablerets.

Nous avons vu que cette obſervation ſe
répéte ſouvent dans les montagnes du Vallais & du gouvernement d'Aigle, & ſans
doute dans pluſieurs de celles des autres pays
montagneux du monde ; mais elle donne lieu
à une autre obſervation dont je n'ai pas encore parlé, & que j'ai eu occaſion de vérifier en différens tems, ſur pluſieurs autres
montagnes des petits cantons de la Suiſſe &
de la Franche-Comté ; c'eſt, que les anti- Autre ob-
ques pelouſes, en pentes plus ou moins eſ- ſervation
carpées, couronnées ſouvent de vaſtes & ſom- dérivant
bres forêts de melézes, qui forment la crou- de la pre-
pe des parties inférieures des montagnes, miere.
dont la partie ſupérieure s'élève au-deſſus
d'elles, comme il vient d'être dit, en forme
de roc, ou taillé à pic, ou dont les parties
paroiſſent comme déſunies ou morcelées,
ſemblent viſiblement dûs à de tels éboule-

106   **V O Y A G E S**

mens, dans un tems fort reculé, & à la décompofition des débris précipités du haut de
leurs fommités, concaffés, brifés & atténués
par le choc & la collifion de ces fragmens,
lors de leur chûte (69). L'on pourroit fuivre, pour ainfi dire, pas à pas, les différens degrés & les époques de cette décompofition dont nous parlons ici, & déterminer jufqu'à un certain point l'âge des montagnes où l'on remarque ces veftiges de dégradations, fi l'on pouvoit connoître au jufte, l'efpace de tems néceffaire, pour qu'un

(69) Si ces couches de humus & d'argille qui
forment comme une efpece de croute fur la char-
pente pierreufe qu'elles enveloppent, font fouvent
dues à la décompofition de la matiere calcaire,
comme on le voit dans ce cas-ci; l'on peut, ce me
femble, concevoir trois manieres de production
pour l'argille, en dépit de ceux qui voudroient tout
ramener à une formation unique : 1°. par la tranf-
mutation de l'eau en terre, dont je crois que l'on
ne peut guères douter; c'eft l'argille primitive qui
forme la plus grande partie des couches de notre
globe. 2°. Par la décompofition de la pierre calcaire,
& la défunion de fes molécules, au moyen de l'action continuée des diffolvans acides répandus dans
l'air fur elle; cette décompofition n'eft que la féparation des parties calcaires & argilleufes, combinées
dans la pierre, & dues à la deftruction de la matiere animale, teftacée, & à la putréfaction de la fubftance animale proprement dite, habitant la coquille.
3°. Enfin par la décompofition immédiate des végétaux & des animaux; c'eft là proprement la terre
animale & le humus ou terreau.

terrein éboulé puiſſe ſe recouvrir de verdure, & devenir fertile & propre à la culture.

Dans le Vallais, l'inſpection attentive des lieux démontre que pluſieurs de ces accidens remontent à une haute antiquité, & ſont bien antérieurs aux tems où les annales humaines en ont pu parler; d'autres portent évidemment le caractère de la nouveauté, & paroiſſent plus ou moins modernes: mais ſi ceux-là reſtent ſouvent ignorés, c'eſt qu'en général le Vallaiſan eſt peu obſervateur, & que l'on ne voit pas ſouvent, dans cette contrée, des Vitaliano Donati (70), qui viennent apprendre au vulgaire épouvanté, qu'un éboulement n'eſt point un volcan. Pourquoi ces accidens ſemblent ſi rares?

Plus à l'Eſt, & non loin de Varona, ſe trouve le village de Louèche, vis-à-vis duquel on voit le torrent d'Ildegraben, tomber, en écumant & avec fracas, du haut du mont Ilberg, qui fait partie de la chaine de montagnes à la rive gauche du Rhône, en formant deux chûtes; au bas de la premiere, il s'eſt creuſé un profond baſſin dans le roc, d'où, lorſque ces eaux groſſiſſent, on les voit ſe déborder de tous côtés, en prenant, dit-on, une teinte de rouge fort marquée, ou couleur de ſang. Torrent d'Ildegraben.

Ce torrent, de même que les autres, qui

____

(70) Voyez ſa lettre citée par M. de Sauſſure; voyages dans les Alpes, pag. 414.

Inonda-
tions ter-
ribles.

viennent ſe jeter dans le Rhône, de concert
avec ce fleuve, inondent tellement cette partie de la plaine, lors des grandes eaux, qu'ils
y ôtent preſque toute communication d'un
endroit à l'autre, & qu'ils font des ravages
étonnans, emportant & s'appropriant tout
ce qu'ils rencontrent dans leur cours; c'eſt
ce qui avoit engagé un riche particulier à
propoſer d'arrêter, au moyen de très-grands
travaux, exécutés à grands frais & à ſes dépens, ces prodigieux débordemens ; mais
cela n'a point eu lieu, & les choſes ſont
toujours dans le même état.

Nous nous arrêtâmes ici pour nous repo-
ſer un peu, & nous préparer à la forte montée que nous allions faire.

CHAPITRE XI.

Montée du mont Gemmi. Eaux de Louëche.

LE chemin qui conduit aux eaux de Louëche, eſt taillé, à grands frais, dans le roc vif, & a été conſtruit aux dépens de LL. EE. de Berne, auxquelles un travail pareil doit attirer bien des éloges juſtement mérités : il eſt aſſez large & commode, quoiqu'en pente fort rapide. Nous prîmes des mulets au bas de la montagne, & nous commençâmes à la gravir.

Chemin qui conduit à la montagne.

Malgré ces commodités, la montée du mont Gemmi préſente un ſpectacle bien hideux pour tout autre qu'un naturaliſte; il voit, à méſure qu'il s'élève d'un côté, un précipice affreux ſous ſes pieds, & de l'autre, des rochers nuds & eſcarpés qui ſemblent s'élancer dans les cieux ; ſouvent des maſſes énormes, à peine adhérentes au roc, ſuſpendues au-deſſus de ſa tête, augmentent ſon effroi; la couleur noire des rochers, le bruit lugubre & le murmure des eaux multiplié par les échos, l'aſpect des caſcades qui ſe précipitent par ſauts & par bonds à des profondeurs conſidérables; le ſilence profond que l'on voit d'ailleurs régner autour de ſoi, la fatigue, la chaleur, tout cela ajoute encore à la triſteſſe du ſpectacle; mais l'obfervateur attentif & que rien ne décourage, contemple en marchant; il voit dans ces coloffes prodigieux, terreur du vulgaire, dont le génie rampe avec l'ame; il y voit, dis - je, la nature à découvert, & fans ce voile obfcur qui la dérobe ailleurs fouvent à fes regards.

Nature des roches du mont Gemmi. Lorfque l'on commence à s'élever fur cette montagne, on voit reparoître la roche de corne feuilletée, d'un gris de fer, & elle fert de bafe aux autres couches qui s'appuient fur elle; en avançant de plus en plus, on trouve immédiatement après la roche de corne, les bancs les plus épais que j'aie jamais vu, qui fouvent même forment comme des murs perpendiculaires, où l'on n'apperçoit aucune apparence de couches d'une pierre calcaire, compacte & noire; plus haut, c'eft encore les mêmes bancs noirs, mais interrompus par des veines de la roche cornée, de quartz & fouvent de groffes couches d'un quartz & d'un fpath fablonneux, mêlés enfemble; en approchant du fommet, les affifes ne font prefque compofées que de cette pierre calcaire feule.

Ce que l'on doit penfer fur leur formation. Quel eft le naturalifte impartial, qui faififfant ici d'un coup d'œil cet enfemble fingulier de pierres, réputées primitives & fécondaires, confondues en un même lieu, prétende encore y diftinguer deux époques de formation auffi éloignées l'une de l'autre? Quel eft celui qui, après un fcrupuleux examen, après avoir fait attention que les inflexions, les courbures, l'inclinaifon de ces couches, fe rapportent exactement ; que celles-ci paroiffent prefque auffi intimément unies que les bancs de matieres homogènes : quel eft, d'après cela, dis-je, celui qui ne conviendra pas, que la formation de chaque couche a fuivi de près celle qui l'a précédée, & que toutes enfemble ont, pour ainfi dire, été formées en mème tems ?

Au refte, on peut faire fur les couches de cette montagne, la même remarque que j'avois eu occafion de faire plufieurs fois fur celles de la pierre calcaire ou des roches quartzeufes (71) ; qui eft, que quoique ces dernieres & la roche cornée, fe trouvent le plus communément dans une pofition prefque verticale dans les montagnes, on les voit cependant affez fréquemment affecter auffi une certaine inclinaifon, qui, quelquefois eft affez grande pour approcher de la ligne horizontale, & mème pour être paralelle à l'horifon.

Situation des couches.

En cheminant toujours, nous laiffâmes derriere nous deux vallons, dont le plus élevé contient deux villages affez confidérables ; l'un nommé Ende, eft fitué à la partie Nord-Oueft du vallon, & l'autre, nommé Albana, fur un côteau au pied des rochers au Sud. A une demi lieue d'ici, nous entrâmes dans le badner thall, (vallon des bains) fe dirigeant de l'Oueft à l'Eft ; c'eft ici que font

Vallon des bains.

---

(71) Voyez ce que j'ai dit à ce fujet dans la feconde note du Chapitre II de ce voyage.

fituées les eaux de Louéche, & les maifons & bâtimens qui en dépendent fe trouvent placés prefque à l'extrèmité Nord-Eft du vallon; elles font bornées au Sud, au Nord, & à l'Eft, par de hauts rochers nuds, efcarpés & couverts de neiges par-ci par-là, qui rendent l'afpect de ces lieux très-fauvage, & au Nord-Eft par les glaciers du Gemmi. Le pied de ces rocs eft garni de bois & de côteaux rians & verdoyans, comme dans les vallons inférieurs. La riviere, nommée Tall, venant du glacier que l'on voit devant foi, traverfe la petite plaine des bains dans toute fa longueur, & va de chûtes en chûtes, de profondeurs en profondeurs, gagner les plaines inférieures jufqu'au Rhône; fes eaux ne font point laiteufes, comme toutes celles qui viennent des glaciers (72), mais elles paroiffent

Situation des bains.

Le Tall, riviere.

---

(72) Ceci prouve que ce n'eft qu'à une grande diftance de leurs fources, & après avoir parcouru des montagnes de différente nature, & s'être en conféquence chargées de particules hétérogènes, que les eaux venant des glaciers prennent une couleur laiteufe. M. Scheutzer prétend que ces eaux blanches des glaciers font faines à boîre, & cette affertion m'a été confirmée dans le Vallais; mais j'avoue que je ne puis aucunement croire à la falubrité d'eaux chargées de parties calcaires, féléniteufes & quartzeufes; j'avoue même que je fuis étonné qu'un phyficien tel que M. Scheutzer, ait pu avancer que la falubrité & la couleur de ces eaux, proviennent des prétendues particules de glace qu'elles charient, & qui leur donnent une fraicheur falutaire.

fent noires, parce qu'elles ont creufé leur lit dans la pierre calcaire noire dont j'ai parlé.

Les rochers qui fe préfentoient ici devant nous, n'ont point leurs fommités découpées en pointes ifolées & aiguës, formées de feuillets verticaux & comme irréguliers de loin, ainfi que les montagnes calcaires, primitives, ou les granitiques, malgré leur caractère de vétufté ; mais elles offrent le coup-d'œil fingulier de maffes prefque continues, dont le fommet n'offre de diftances en diftances, que des vuides, jadis remplis par de gros blocs rhomboïdaux ou cubiques, dont on en voit plufieurs, ou au pied des rocs, ou répandus indifféremment dans la plaine. *Singuliere obfervation.*

Comme ce vallon n'eft ouvert aux vents que des deux côtés Nord-Eft & Oueft, ces vents y font très-fréquens ; celui d'Oueft s'engorge avec violence dans la plaine qu'il rafe dans toute fa longueur, de maniere qu'il emporte & déracine les arbres, & renverfe les chalets des pauvres montagnards qu'il trouve fur fon chemin : pareil accident avoit eu lieu, peu de jours avant notre arrivée ; mais un autre chalet voifin de celui qui fut renverfé, n'avoit rien fouffert, parce qu'il étoit garanti vers l'Oueft, par une éminence qui s'élevoit au-deffus de lui & par-deffus laquelle le vent paffoit : ceci eft un avis qui n'eft pas à négliger pour les habitans des montagnes, & la précaution d'adoffer ainfi leurs cabanes contre quelque tertre élevé, qui les préferve de malheur, eft auffi bonne contre *Vents fréquens dans ce vallon.* *Maniere d'abriter les chalets contre les vents & les avalanches.*

les avalanches de neiges, qui caufent également beaucoup de dégats, que contre les vents.

Vent régulier. Dans cette faifon - ci, (vers la mi-Juin) le vent d'Ouest étant très-fréquent ici, il arrivoit très - fouvent qu'il y régnoit deux vents différens dans la même journée, y en ayant un qui s'élevoit réguliérement tous les matins vers les neuf à dix heures, & fouffloit avec force jufqu'à deux ou trois heures du foir, du Nord - Est au Sud - Ouest, en paffant par-deffus les glaciers; celui-ci étoit prefque toujours fec, tandis que l'autre traînoit les pluies & les orages après foi : *Conjecture.* c'est peut-être cette différence de faifon dans un efpace de tems fi court, qui rend ce climat fi mal fain & fi fujet à engendrer des fiévres putrides.

Séjour aux bains. Nous fîmes halte ici, & je ne comptois m'y arrêter que le tems néceffaire pour examiner les eaux : c'est durant le tems où ma fanté me l'a permis, que j'ai fait les obfervations que je viens de rapporter.

CHAPITRE XII.

Analyse des eaux minérales thermales de Louëche.

LEs eaux de Louëche font au nombre de six fources. Je ferai d'abord connoître leurs propriétés fenfibles aux fens, & leur température; quant aux principes qui les conftituent eaux minérales, & qui demandent à être reconnus par le fecours de l'analyfe chymique, comme ils font prefque les mêmes dans toutes ces eaux, je n'entrerai point dans le détail faftidieux de chaque analyfe particuliere de chacune de ces fources, mais je donnerai un réfumé général de toutes mes opérations, en indiquant les différences de rapports, de quantités, qui font prefque les feules qui fe trouvent entr'elles.

La fource principale, la plus abondante & la plus chaude eft nommée en allemand, *der groffe ou Gemeine Quelle* (la grande fource) elle eft en effet la plus belle & la plus remarquable, & fituée auprès de la maifon des bains; elle fort de terre & coule vers l'Oueft, entre des pierres calcaires roulées, fur lefquelles elle dépofe beaucoup d'ochre martiale rouge; elle n'exhale aucune odeur, & n'a qu'un goût un peu faumâche, provenant du fol où elle coule : ces deux dernieres pro-

Plan de l'auteur.

La grande fource.

H 2

priétés font communes aux autres fources, ainfi je n'en parlerai plus.

Sa tempé- La boule d'un thermomètre de mercure,
rature. gradué felon la méthode de M. de Reaumur, plongée pendant un quart d'heure dans l'eau, le plus près poffible de l'endroit où elle fort de terre; la température de la grande fource s'eft trouvée être de 41 degrés & demi au-deffus du terme de la glace (73). Cette chaleur eft telle, que M. Scheutzer rapporte, qu'on peut y cuire un œuf & plumer une poule, & ce fait m'a été confirmé fur les lieux mêmes.

La fource Non loin de la grande fource, il en exifte
d'or. une autre renfermée dans la maifon même des bains, nommée Gold-Brunn, (la fource d'or) elle y fort de terre & dépofe de l'ochre dans les tuyaux dans lefquels on la reçoit.

Sa tempé- Elle fait monter le mercure du thermomè-
rature. tre, plongé dans fes eaux, à 38 degrés au-deffus de zéro.

En s'enfonçant dans le vallon, on trouve les autres fources; favoir, celle nommée

La petite la Kleine Quelle, (petite fource) fituée au
fource. Nord-Eft, & à quelques centaines de pas de

---

(73) J'ai fu que M. Gofse, favant Genevois, qui eft arrivé aux eaux pendant que j'étois malade, à fait quelques jours après moi la même expérience, & qu'il a eu un réfultat un peu différent du mien; je puis cependant certifier que j'ai procédé avec toute l'exactitude poffible, en préfence de tous ceux qui fréquentoient alors les bains.

la grande fource, & au Sud-Oueft du glacier du Gemmi; elle fort de terre dans un fonds marécageux, où elle forme un petit baffin, femblable à un étang, coule au Nord-Oueft, & laiffe échapper continuellement, de divers endroits, du fond de ce baffin, une quantité de bulles d'air fixe, qui s'élèvent au-deffus de l'eau avec un pétillement confidérable.

Le thermomètre, plongé dans cette fource, marque 33 degrés de chaleur, qui feroit encore plus confidérable, fi une fource d'eau froide ne venoit fe joindre à celle-ci. *Sa tempé-rature.*

Au Sud-Eft de la petite fource, au pié d'un côteau, fortent de la roche calcaire, deux gros filets d'eau, dont l'un nommé Kotz Brunn, & l'autre, Gull Brunn, qui fe joignent enfemble & coulent vers l'Eft; il s'élève auffi une quantité de bulles du fond de leur baffin, mais accompagnées d'un pétillement moins confidérable que dans les eaux de la petite fource : ces deux filets dépofent beaucoup d'ochre rouge fur les pierres roulées qu'elles ont entraînées. *Kotz & Gull-Brunn.*

Ces eaux ont une chaleur permanente, de 38 degrés ; elles font raffemblées à une petite diftance de l'endroit d'où elles fortent du rocher, dans un baffin, de forme quarrée, couvert d'un petit bâtiment en bois, & fervant de bain de guérifon aux malades indigens & pauvres. *Leur température.* *Bain de guérifon des pauvres.*

Au Nord-Oueft, & à quelques centaines de pas du Gull-Brunn, on trouve le Heil-Bad, formant dans le fond d'une gorge ma- *Le Heil-Bad.*

récageuſe, ſix filets d'eau, dont cinq fortent du côté Oueſt de la gorge, & un ſi-
xieme du côté Eſt, & tous enſemble dirigent leurs cours vers le Sud-Eſt; un ſeptie-
me, qui eſt le plus conſidérable, ſort du
roc calcaire, tout auprès & au-deſſus du Tall,
& va ſe jeter dans ce torrent; toutes ces eaux
dépoſent encore de l'ochre.

**Leur tem-
pérature.**

Le thermomètre qui y eſt plongé, à l'endroit de leur ſortie de terre, marque 38 degrés au-deſſus du terme de la glace. Leurs

**Conferva
qui y
croît.**

bords & leurs lits ſont remplis de conferva,
à très-longues feuilles, qui s'entrelacent ; &
ce qu'il y a de ſingulier, c'eſt que malgré
cette grande chaleur de ces eaux, on y trouve

**Inſectes
que l'on
y trouve.**

une quantité de vers aquatiques, bruns, ſemblables à ceux qu'a décrit M. de Réaumur,
dans ſes *Mémoires ſur les inſectes*, & dont le
corps écailleux & compoſé d'anneaux mobi-
les, lui permettant de s'allonger & de ſe ra-
courcir à volonté, a la forme en quelque
ſorte d'un fuſeau, & va toujours en dimi-
nuant de groſſeur, depuis l'origine de la tête
juſqu'aux derniers anneaux de ſa partie poſtérieure, d'où l'on voit ſortir un mince
tuyau mobile, ouvert par le bout, où il
eſt garni d'un bouquet de poils, ayant la
faculté de rentrer dans le corps, & faiſant,
comme on fait, la fonction des ſtigmates
des vers terreſtres (74): ces inſectes ſe nour-

___

(74) Voyez la figure & la deſcription de ces vers
dans l'ouvrage de M. de Réaumur, édition in-4to;

riſſent, ſans doute, du conferva qui abonde ici.

Paſſons maintenant à l'analyſe chymique de ces eaux, ſoit par les réactifs, ſoit par évaporation.

Analyſe par les réactifs.

I. *A la ſource même de ces eaux* (75).

1°. L'arſenic blanc en poudre, jeté dans ces eaux, n'a produit aucun changement.

2°. L'infuſion de noix de galles dans l'eſprit-de-vin, verſée dans cette eau, y a produit une teinte plus ou moins tendre de rouge, tirant ſur la couleur de roſe (76).

Analyſe par les réactifs.

---

voyez auſſi Vandellii, *diſſertationes* &c. pl. 2. Cet auteur range aſſez mal à propos ces vers parmi les ſquilles, avec leſquelles ils n'ont aucun rapport.

(75) Il faut de toute néceſſité (ſurtout lorſqu'on éprouve des eaux thermâles) faire ces expériences préliminaires à l'endroit de la ſource même, lorſqu'on veut s'aſſurer, ſi elles contiennent quelques ſubſtances volatiles.

(76) Il faut avoir attention de ne verſer cette infuſion dans ces eaux qu'avec la plus grande précaution; trois ou quatre gouttes ſuffiſent pour en colorer la valeur d'un bon verre à boire plein, mais ſi l'on y en verſe un peu plus qu'il ne faut, l'on n'y verra jamais la teinte rouge. Cet effet eſt un de ceux qui n'a lieu qu'à la ſource même. car quelques heures après qu'on a laiſſé l'eau refroidir, il n'eſt preſque plus ſenſible.

3°. La leſſive du ſang de bœuf y ayant été verſée, n'a produit aucun changement.

II. *Lorſque je fus rendu à l'auberge, & quelques heures après, l'eau étant parfaitement refroidie.*

4°. Une piéce d'argent, plongée & laiſſée dans cette eau, pendant 24 heures, n'a point changé de couleur.

5°. La diſſolution de plomb, par l'acide nitreux, n'y a occaſionné qu'un précipité blanc de chaux de plomb (77).

6°. Les papiers colorés par les teintures de tourneſol & de fernambouc, n'ont point été altérés par ces eaux.

7°. Quelques goutes d'eau de chaux y ayant été verſées, il ſe forma de petits floccons blancs au fond du vaſe.

8°. La diſſolution de ſel marin, à baſe de terre peſante, y a occaſionné un nuage blanc au fond du vaſe.

9°. L'eſprit-de-vin ne fit que communiquer à l'eau une teinte opâline.

10°. L'huile de vitriol, concentrée, n'y produiſit aucun effet.

11°. Quelques petits cryſtaux d'acide de ſucre ayant été jetés dans ces eaux, y produiſirent d'abord un petit nuage blanc, &

---

(77) Les eſſais 1, 4 & 5, n'ont été faits que parce que tous ceux qui ont parlé des eaux de Louëche, les ont regardé comme ſulfureuſes.

au bout de quelques minutes, un fel fucré calcaire.

Il réfulte de ces expériences, que les eaux de Louëche ne contiennent point de foufre, ni dans l'état d'hépar, ni en forme de vapeurs; cela paroît prouvé par le manque d'odeur, de faveur, & par les expériences Ie. 4e. & 5e., qu'elles ne contiennent ni fels acides, ni alkalis libres, ainfi qu'on le voit par l'expérience 6e, qu'elles ne contiennent point de fer dans l'état de vitriol martial; ce que démontre évidemment l'expérience 3e; qu'elles ne contiennent point de terre pefante, ce que l'on voit par l'expérience 10e; mais on voit que ces eaux contiennent de l'air fixe, par l'expérience 7e; qu'elles contiennent un fel, dans la combinaifon duquel entre l'acide vitriolique, par l'expérience 8e; (78) (la préfence d'un fel neutre eft encore fenfible, par l'expérience 9e); qu'elles contiennent du fer diffous par l'air fixe, par l'expérience 2e (79); & qu'elles contiennent

(78) Cette expérience ne démontre que la préfence de l'acide vitriolique, mais ce qui prouve qu'il fe trouve dans ces eaux engagé dans quelque bafe, ce font les papiers colorés de la 6e expérience, dont la couleur, comme nous l'avons dit, n'a point été altérée.

(79) Comme M. Raulin (voy. fon Traité Anal. des Eaux Min.) nous apprend que l'air fixe peut altérer la couleur de cette infufion de la même maniere que le fer; cette expérience feule ne feroit point concluante, mais ce qui la rend telle, c'eft le réfultat de l'expérience 3e, & l'ochre de fer que ces eaux dépofent.

enfin de la chaux , par l'expérience 11e.
Voyons maintenant, si l'analyfe par l'évaporation confirmera les réfultats que nous venons d'obtenir.

Analyfe par l'évaporation.

Analyfe par évaporation. N'ayant pu me procurer qu'un vafe évaporatoire qui pouvoit contenir la valeur de
deux livres neuf onces, deux drachmes &
deux grains, poids de pharmacie, de ces eaux,
je fus obligé de m'en contenter, & j'opérai
de la maniere fuivante.

Je mis d'abord à évaporer à une douce
chaleur; mais voyant qu'à mefure que l'évaporation avançoit, il ne fe formoit point de
pellicule bien fenfible à la furface de l'eau ,
je la pouffai jufqu'à parfaite ficcité; cette premiere opération achevée, j'ai toujours trouvé au fond du vafe un réfidu blanc, cryftal-
lifé en aiguilles capillaires, (80) qui étant

---

(80) Cette cryftallifation qui eft principalement
due à la félénité de ces eaux, eft une des plus jo-
lies que j'aye vu. On ne remarque d'abord après
l'évaporation, qu'une croute faline, informe & raboteufe; mais en caffant celle-ci, on eft tout étonné de trouver la partie de cette croute tournée vers
le fond du vaiffeau évaporatoire , remplie de petits
cryftaux minces, prifmatiques, polygones, difpofés
en plufieurs petits bouquets, formant comme des
rayons convergens à un même centre , & préfentant
parfaitement à l'œil l'image de la zéolite capillaire.

leſſivé, & la leſſive filtrée & miſe de nouveau à évaporer & cryſtalliſer, j'obtins ſé-
parément les parties terreuſes & ſalines de
ce premier réſidu.

Les parties terreuſes ſont en partie diſſolubles aux acides, & en partie y reſtent in-
tactes, & ne ſont compoſées que de ſélénite
& d'une pure terre calcaire ; les parties ſalines ſont compoſées de très-petits cryſtaux
griſâtres, demi-tranſparens, en priſmes tron-
qués & quadrangulaires, d'un goût amer
ſemblable à celui du ſel d'Angleterre ou d'Epſom, fort diſſolubles dans l'eau qu'elles tei-
gnent quelquefois en jaune ; ce qui vient
d'un peu de matiere extractive qui s'en ſépare facilement. J'ai eſſayé cette ſubſtance
ſaline par les voyes de la décompoſition &
des réactifs, pour mieux m'aſſurer de ſa nature, & je crois avoir reconnu que c'étoit
un vrai ſel d'Epſom ou vitriol de magnéſie. (81).

____

(81) L'amertume de ce ſel ſans mélange d'aucune
autre ſaveur, ſa décompoſition par l'eau de chaux,
& ſurtout par le deliquium de tartre qui en préci-
pite une terre ſemblable à la magnéſie, démontrent,
ce me ſemble, aſſez évidemment ſa nature ; d'ailleurs on ſait que les eaux minérales ne contiennent,
outre la ſélénité de ſel, à baſe terreuſe, que ceux
qui ſont formés, ou, de la combinaiſon de l'acide
marin avec la terre que nous venons de nommer,
ou, de celle de l'acide vitriolique avec la même
terre ; or, je n'ai reconnu dans ces eaux aucun veſ-
tige ni de ſel marin, ni de ſon acide ; j'y ai reconnu

Refultat général. Par les expériences que je viens de rapporter, j'ai trouvé que deux livres, neuf onces, deux drachmes, deux grains d'eau de chacune de ces fources, contenoit :

La grande fource.

de l'air fixe quantité inappréciable. (82)
du fer . . . . idem.

---

au contraire la préfence de l'acide vitriolique combiné avec une terre , qui ne peut être d'après ce que nous venons de dire, que la terre en queſtion , avec laquelle il forme le fel que M. de Morveau a fort bien nommé vitriol de magnéfie.

(82) Il paroit naturel de conclure que l'air fixe ne fe trouve dans ces eaux qu'en très-petite quantité : 1°. par leur faveur. (Voyez ce que j'en dis au commencement de ce Chap.) 2°. Par le peu de fer qu'elles contiennent; car celui-ci n'y étant que dans l'état de diffolution par ce gas , il ne peut s'y trouver que dans la proportion néceffaire à la faturation de ce dernier , d'où il réfulteroit que lorfque les eaux ne contiennent du mars que dans cet état , on pourroit peut-être déterminer par la quantité de celui-ci, celle de l'air fixe. 3°. Par la chaleur de ces eaux ; car quoiqu'il ne foit point vrai, comme le prétend M. Guldenftedt, que ce gas ne peut exifter dans un fluide chaud, (voy. fa defcription des eaux thermâles du gouvernement d'Aftracan, dans les commentaires de l'Aca. Imp. des fc. de Petersbourg). Il eſt cependant certain que plus ce fluide eſt chaud, moins il en doit contenir. 4°. Par la nullité d'action de cet air fur les papiers colorés, comme on l'a vu dans mes expériences par les réactifs : au lieu que cette action eſt très-fenfible dans les eaux où l'air fixe eſt plus abondant, ainfi que nous l'apprend M. Bergmann (opuf. chym. tom. 1. p. 12).

de terre calcaire & de félénite. 20$^{gr.}$. (83)
de vitriol de magnéfie. 5

La fource d'or.

de l'air fixe, quantité inappréciable.
du fer. . . . . idem.
de terre calcaire & de félénite.   15$^{gr.}$
de terre végétale , ... 1
de vitriol de magnéfie. . . . 3

La petite fource (84).

de l'air fixe, quantité inappréciable.
de terre calcaire & de félénite . . 15$^{gr.}$
de vitriol de magnéfie 3

Les fources nommées *Kotz* & *Gull brunn*.

de l'air fixe, quantité inappréciable.
du fer. . . . . idem.
de terre calcaire & félénite. . . 15$^{gr.}$
de vitriol de magnéfie 3

La fource nommée *Heil Bad*.

de l'air fixe, quantité inappréciable.
du fer. . . . . idem.
de terre calcaire & de félénite. . . 9$^{gr.}$
de vitriol de magnéfie. 4

---

(83) Je n'ai point donné féparément le poids de la terre calcaire, & de la félénite, parce que cette derniere y eft en quantité trop petite ; c'eft tout le contraire dans les eaux du Heil Bad.

(84) Cette fource eft la feule dans le baffin de laquelle on ne voit point d'ochre de fer, & dont les eaux par conféquent ne contiennent point ce métal.

Propriété singuliere de ces eaux. Une propriété fort curieuse de ces eaux, est de donner à une piece d'argent qu'on y laisse plongée pendant quelque tems, une belle teinte jaune, semblable à la couleur de l'or, & qui feroit croire au premier coup d'œil qu'elle a été dorée ; c'est apparemment parce que la source d'or posséde éminemment cette propriété, qu'on lui a donné son nom. Cet effet a été attribué par plusieurs Auteurs au prétendu soufre de ces eaux ; Simmler *A quoi attribuée?* l'attribue à des particules d'or qu'il y croit disséminées ; mais j'ai suffisamment reconnu qu'il n'est dû qu'à des particules d'une ochre de fer très-tenues, qui s'incrustent superficiellement dans les petits pores de la piece d'argent, assez fortement pour ne pouvoir en être ôtées qu'au moyen d'un frottement assez violent.

Je ne m'étendrai point sur la matiére tant discutée de la chaleur des eaux thermáles ; je dirai seulement, qu'il me semble que l'on peut très-bien concilier ici les deux opinions, dont l'une veut que ce soit à des matieres *Cause apparente de la chaleur de ces eaux.* minérales inflammables & embrasées dans les entrailles de la terre que cette chaleur soit duë, & l'autre, (& c'est le sentiment de M. Scheutzer) au mélange de l'eau & de la chaux provenant de la pierre calcaire calcinée ; si l'on considere les rochers du mont Gemmi, qui bordent le vallon des bains, d'un œil attentif, on y voit par-tout les vestiges des substances martiales & pyriteuses décomposées, & on les observe principalement dans ceux de la partie Nord du Vallon, qui con-

tiennent les eaux minérales en queftion ;
d'un autre côté, le roc calcaire au travers
duquel elles fe font fait jour, a pu être calciné à la longue par la chaleur continuée ou
fouterraine, ou de l'eau, & a dû contribuer
alors à augmenter celle de ces eaux.

Je n'entrerai point non plus ici dans le
détail des effets tant internes qu'externes de
ces eaux fur le corps humain, qui les rendent fi propres à la cure des maladies ; cette
matiere appartient proprement aux gens de
l'art. Je dirai feulement en paffant, que les
eaux de Louëche, comme toutes celles qui
font thermales, font réputées excellentes
pour toutes les maladies de la peau, & que
le fel amer qu'elles contiennent, doit les
rendre légérement purgatives.

Leurs effets fur le corps humain.

CHAPITRE XIII.

*Départ des eaux de Louëche ; fommet du mont
Gemmi ; defcente de cette montagne.*

AYant rempli le but que je m'étois propofé
en paffant quelque tems aux eaux de Louëche, je ne fongeois plus qu'à en partir &
continuer ma marche, lorfque je m'y vis
arrêté de nouveau par une fievre cruelle
qui me permit même à peine de m'en re-
tourner à Laufanne. C'eft durant cette maladie, giffant dans une langueur accablante,

pour ainſi dire entre la vie & la mort, que nous reſſentimes, (mon obligeant compagnon de voyage, le Comte Baſili & moi) deux ſecouſſes de tremblemens de terre, bien marquées, à quatre heures & demi du matin, le 11 Août, & qui, dit-on, troubla les eaux pendant quelques inſtans (85).

Je

---

(85) Je ne parlerois point de cet évènement, s'il n'étoit remarquable par l'époque où il eut lieu, & par ſa cauſe. Le P. Côte de l'oratoire a penſé avec raiſon, que les vapeurs qui ont obſcurci l'air pendant pluſieurs mois, étoient une ſuite de la cataſtrophe fameuſe du 5 Février de l'année 1783, arrivée en Calabre & en Sicile (voy. le Journal de Phyſ. du mois de Septembre 1783). Seroit ce donc une abſurdité de regarder tous les petits tremblemens de terre, même les violens orages que l'on a reſſenti dans pluſieurs parties du monde, ainſi que les météores que l'on a apperçu, quoique bien longtems après ce grand tremblement de terre, comme des ſuites de cette même cataſtrophe? On ne peut gueres douter qu'une ſecouſſe auſſi prodigieuſe n'ait cauſé un grand ébranlement dans une bonne partie des couches terreſtres; un ſi grand nombre d'évènemens pareils dans des endroits ſi éloignés les uns des autres, joint à la ſucceſſion ſinguliere de leurs époques, ne peuvent, ce me ſemble, nous faire douter, que ces effets partiels ne ſoient dûs à cette puiſſante cauſe. Cette marche graduée de la nature dans la production de ces phénomènes, eſt aſſurément, je le répete, bien digne de l'attention du phyſicien; il la verra en quelque façon depuis l'époque fatale, & du centre de ſes exploſions ſouterraines, étendre de mois en mois, & de diſtance en diſtance la circonférence du cercle

Je m'éloignai avec plaisir de ce séjour devenu si triste & si funeste pour moi, & nous pri-

---

immense, qui renferme les lieux où des secousses plus ou moins vives ont été ressenties ; c'est ainsi qu'en Europe, en Mars, on a ressenti un tremblement de terre à Naples ; en Juillet, en Suisse, en France, en Allemagne ; en Aoust, dans le Vallais ; au mois de Juillet encore, on en a ressenti, à ce que portent les nouvelles publiques, en Syrie, en Lyban, & sans doute dans bien d'autres parties du globe à nous inconnües ; en un mot, si imitant l'exemple de M. le Chevalier Hamilton (voyez sa relation des derniers tremblemens de terre en Italie, traduite en françois, & qui se vend à Lausanne, chez Mourer,) on plaçoit une des pointes d'un compas (ayant une bonne mappemonde devant soi) sur le centre qu'il indique, & portant l'autre sur les derniers points de l'Europe connus où l'on ait éprouvé quelque secousse, on tournoit ensuite cette pointe autour du premier centre ; on auroit une suite de circonférences dont la derniere seroit la plus étendue, & dans l'enceinte desquelles on pourroit présumer que l'on a éprouvé des effers sensibles de cette commotion, sans parler des effets, pour ainsi dire insensibles, ou qui ne se font appercevoir qu'à la longue,. & qui s'étendront peut-être beaucoup plus loin. Cette méthode ingénieuse, imaginée par M. le Chevalier Hamilton, & fondée sur ses excellentes observations, est la seule qu'on puisse employer pour faire un calcul d'approximation raisonnable sur l'éloignement où se font étendues les influences de ce grand tremblement de terre, car l'on s'en fera ressenti peut-être dans bien des endroits, où il n'existe ni curieux, ni observateurs, ni même d'habitation, d'où, par conséquent, on ne peut en attendre aucune nouvelle.

I

mes cette fois notre route par le canton de Berne. Vers le milieu d'Août, nous nous acheminâmes vers le sommet accessible du mont Gemmi; je dis accessible, parce que cette partie de la montagne est encore dominée par des pointes de rochers assez hautes & inaccessibles. C'est entre ces rochers que se trouve situé le lac nommé par les

gens du pays *Dauben sé*, lac des pigeons; ce lac que nous cotoyâmes sur toute sa longueur qui est d'environ une demi lieue, n'est pas d'une largeur considérable; ses eaux sont troubles & bourbeuses, & ne sont que le produit des eaux de pluie & des neiges fondues qui découlent du haut de cès montagnes qui le bordent & le resserrent; aussi dans les grandes chaleurs est-il entiérement

à sec, & il y croît une verdure qui donne un bon pâturage pour le bétail qu'on y mene paître; à cette hauteur, le mont Gemmi

est élevé de 7486 pieds, & de 1247 toises quatre pieds au-dessus de la mer, selon M. Scheutzer, qui a trouvé cette hauteur, au moyen du baromètre, en se servant de la méthode de M. Cassini (86).

A l'extrèmité du lac, est une cabane qui sert de cabaret, & qui, quoique d'un aspect peu attrayant, ne laisse pas de paroître délicieux au pauvre voyageur; surtout lorsqu'il y arrive, comme nous, par un tems &

---

(86) Natur Geschichte des Schweirzerlandes, II part. pag. 192.

un vent auſſi froid que celui qui régnoit alors, & après avoir traverſé des ſentiers étroits, tortueux & d'autant plus périlleux qu'ils étoient couverts de neige & de verglás où le pied gliſſoit ſans ceſſe (87),

Il ne faut cependant pas croire que l'on ſoit ici au terme des peines & des fatigues ; il faut redeſcendre de l'autre côté de la montagne, & cette deſcente n'eſt guères meilleure que la montée que l'on a fait pour arriver ici ; mais auſſi arrivé au pié du Gemmi, on entre dans une riante & agréable vallée, & l'on ne voit plus qu'un pays charmant où tout plait & ravit l'ame, juſqu'aux portes de Lauſanne même; ce ſont les ſentimens que ces lieux doivent faire éprouver ; ce furent ſans doute ceux qu'éprouverent mes compagnons de voyage ; mais pour moi, hélas ! incapable alors de rien voir, ni de rien ſentir, & pour la premiere fois inſenſible aux beautés de la nature, ce ſpectacle ne fut qu'un ſonge, dont à peine il m'eſt reſté quelque ſouvenir.

Lecteur minéralogiſte, ſi mon voyage t'a intéreſſé, s'il t'a fait quelque plaiſir, plains-moi de n'avoir pu l'achever.

---

(87) M. Scheutzer parle d'un creuſage en forme d'ondes ſur le rocher, au niveau de la ſurface de l'eau de ce lac.

CHAPITRE XIV.

Réflexions sur les causes du crétinisme & des goëtres ; différence du climat de la vallée de Sion d'avec celui de la vallée du Rhône.

LEs voyageurs qui ont été dans le Vallais, ont bien fait attention aux goëtres & au crétinisme qui défolent cette contrée ; mais ce qu'il y a d'étonnant, c'eft que perfonne n'avoit encore cherché à connoitre les caufes de ces cruels fléaux ; c'eft à ces recherches que j'ai deftiné ce Chapitre.

A mefure qu'on s'éloigne du lac de Geneve, & que l'on s'enfonce dans la vallée du Rhône, on obferve un changement étonnant dans les habitans de cette contrée ; ils font pour la plupart pâles & haves, & paroiffent foibles & fans énergie ; outre cela, il eft peu de familles où il ne naiffe un ou plufieurs imbécilles ; mais cette imbécillité a le nom particulier dans le pays de crétinifme, & ceux qui en font attaqués celui de cretins, parce qu'elle traine après elle des caracteres auffi très-particuliers, & qui tiennent fans doute uniquement au climat, comme j'efpere le prouver. Ces cretins paroiffent d'une foib'effe extraordinaire, s'effouflent facilement pour peu qu'ils marchent, plus pâles encore que le refte des habitans,

Caractere du crétinifme.

ils ont la respiration extrèmement gênée, ils sont d'un naturel pusillanime , & d'une facilité inconcevable à émouvoir.

Le Vallaisan (à la vérité par une espece de préjugé), a pour ces cretins beaucoup d'égards, & les traite avec douceur; il a le plus grand soin de ne leur causer ni peine, ni chagrin, & a pour eux la juste compassion que l'on doit à l'humanité souffrante, & dans l'état de dégradation.

Ces tristes effets sont attribués communément aux eaux & à un air comprimé; mais il est certain que cette explication ne peut être suffisante pour en rendre raison, puisque dans plusieurs endroits où les eaux sont connues pour être fort bonnes , on ne voit aucune différence; quant à l'air, il n'est assurément pas de beaucoup moins comprimé à Yvorne & Corbéries qui ont encore de hautes sommités derriere eux; & il l'est bien plus dans les vallons étroits, tels que celui de la prase de l'Uva , que dans la basse plaine du gouvernement d'Aigle; cependant on n'y entend parler ni de goëtreux ni de cretins. Aigle & Bex au contraire en sont remplis, & M. le Doyen de Copet m'a dit, que dans sa paroisse seule, il pouvoit compter jusqu'à 60 cretins ; il ne se trouve cependant point dans le district de la ville d'Aigle, des eaux venant des glaciers, & celles dont on y fait usage sont excellentes & saines.

Ce n'est donc point à ces deux causes, comme nous l'avons déja dit, que le créti-

Les Vallaisans respectent les cretins.

Causes auxquelles on attribue le crétinisme.

Leur insuffisance.

On doit l'attribuer à un air vicié.

nisme eſt dû, mais bien plutôt à un air vicié. Cette plaine eſt remplie de terreins marécageux ; on ſait combien ces terreins ſont nuiſibles & dangereux à la ſanté de ceux qui habitent dans leur voiſinage ; l'on ſait encore que leur qualité mal-faiſante, ne vient que de la grande quantité d'air méphitique qui ſe dégage du fond de ces amas d'eaux croupiſſantes (88). C'eſt donc principalement à l'air de ces vallées fort chargé d'exhalaiſons méphitiques, que l'on doit attribuer cette eſpece de maladie dont ſont attaqués ſes habitans (89).

Modifications de cette caufe, ſelon les circonſtances.

Il eſt aiſé d'obſerver que cet effet eſt d'autant moins ſenſible dans certains endroits, qu'ils ſont plus éloignés des parties de la vallée du Rhône, où ces influences des exhalaiſons méphitiques ſe font ſentir le plus vivement, ou dans une ſituation où ces influences peuvent être affoiblies par des cir

----

(88) Quoique l'air des marais ſoit en grande partie inflammable, on ne peut conteſter cependant qu'il ne ſoit fort mêlé d'air méphitique, & comme le premier eſt fort léger, il gagne les hautes régions de l'athmoſphere, tandis que le dernier reſte ſeul ſuſpendu au-deſſus des profondeurs qui conſtituent les plaines.

(89) Il faut obſerver ici, malgré ce que nous avons dit plus haut au ſujet d'un air renfermé entre les montagnes, que, quoiqu'il ſoit vrai qu'un tel air ſeul ne puiſſe être propre à engendrer les goëtres & le crétiniſme, il n'en devient que plus dangereux & nuiſible, lorſqu'il ſe trouve mêlé avec les exhalaiſons dont il eſt ici queſtion.

constances locales; c'est ainsi qu'à Martigny, St. Maurice &c. l'on voit moins de cretins que dans la vallée de Sion; on en remarque encore bien moins à Bex & à Aigle qu'à Saint Maurice & Martigny. *Dans la vallée même.*

Du moment où la vallée du Rhône commence à s'ouvrir considérablement à l'embouchure de ce fleuve, & à mesure que les deux chaines de montagnes qui resserrent le lac de Genève s'écartent de plus en plus l'une de l'autre, les villes & les villages situés à leur pié, sont toujours de moins en moins sujets à ce fléau, de maniere, que quoique l'on observe encore des cretins, & surtout un principe de goëtre dans tout le pays de Vaud, (90) il sera moins marqué à Lausanne qu'à Vevay, à Rolles qu'à Lausanne, & ainsi de suite, parce que les exhalaisons mal-faisantes de la vallée du Rhône étant poussées ici par le vent du Sud-Ouest, si fréquent en Suisse, se répandent dans un nouvel athmosphere où l'air circule avec plus de liberté, & avec lequel elles se mêlent de plus en plus, & deviennent alors de moins en moins nuisibles. Ces funestes effets avoient déja été étudiés avec soin, & expliqués d'une maniere satisfaisante & ingénieuse, par M. Wild qui a publié ses observations sur ce sujet, dans un *Mémoire* qui sera inseré parmi ceux *Hors de la vallée du Rhône.*

---

(90) J'imagine qu'on doit faire la même observation sur la côte méridionale du lac de Geneve, qui appartient à la Savoye.

Modifiés ici par le travail des terres.

Les environs de Saint Pierre, de Sion, &c. font moins marécageux & un peu plus fains, au rapport des Vallaifans même, depuis que ces endroits de la vallée font habités, que les marais qui les environnent ont été en partie defféchés; mais ces opérations étant lentes, vu l'indolence des Vallaifans, le climat n'a pas été de beaucoup amélioré, & continuant à exercer fon empire, il caufe, tout comme auparavant, des ravages étonnans. Les vies font de courte durée, & l'on nous a dit à St. Pierre que l'on n'y voyoit pas beaucoup de *vieillards de* 50 *ans;* l'imbécillité eft une maladie encore plus commune ici, que dans la vallée du Rhône, & l'on remarque dans la plupart des individus des deux fexes un embarras plus ou moins grand dans la refpiration, & en général tous les caracteres du crétinifme dans leurs principes.

Les caracteres du crétinifme obfervés chez tous les habitans.

Peu ou point fenfibles dans les montagnes & les vallées étroites.

Dans les montagnes du Vallais, même à de petites élévations, & même dans les vallées étroites qui viennent aboutir à celles du Rhône & de Sion, ces funeftes effets ne font au contraire point fenfibles, ou ne le font que très - peu: ils ne le font point dans les montagnes, parce que la grande pefanteur des exhalaifons méphitiques les empêchent de s'élever à une grande hauteur; elles le font très - peu dans les petites vallées dont nous parlons, les marécages y étant

---

Chine, Tom. I. p. 88.) & il y a apparence que le crétinifme les y accompagne, comme en Europe.

rares à cauſe de leur grand étréciſſement & de l'inclinaiſon de leur ſol, & le peu d'exhalaiſons nuiſibles qui peuvent s'y trouver, étant abſorbées en partie par les eaux des rivieres qui les traverſent dans toute leur longueur ſur une pente aſſez marquée (92) & en partie par les bois & les végétaux dont le pié des montagnes eſt couvert, ainſi que leurs différentes hauteurs.

Je ne m'étendrai pas ici ſur la maniere dont l'air méphitique agit ſur le corps humain; les belles expériences du célebre Priſtley & de pluſieurs autres phyſiciens qui ont cherché à marcher ſur ſes traces, nous le font aſſez connoître; elles nous font auſſi connoître que les animaux renfermés dans des récipiens, donnent à meſure que la maſſe de l'air qui les environne, s'altère, des marques de foibleſſe & d'embarras dans la reſpiration ; effets qui, comparés avec ceux ſemblables que nous avons obſervé ci-deſſus dans les cretins, ſont des points d'analogie trop marqués avec le crétiniſme, pour pouvoir avoir des doutes ſur ſa cauſe (93).

Par quelles raiſons?

Analogie remarquable entre les caracteres du crétiniſme à ceux de l'aſphixie obſervée dans les animaux renfermés ſous des récipiens.

---

(92) Une plus grande pente donne plus de rapidité au courant ; de-là une plus grande agitation de ſes eaux, & par conſéquent, comme on le ſait, une plus grande abſorbtion du gaz méphitique.

(93) On reconnoitra encore la même analogie d'effets, ſi l'on ſe donne la peine de lire *les obſervations ſur les foſſes d'aiſance, & moyens de prévenir les inconvéniens de leur vuïdange*, par MM. Laborie le jeune & Parmentier, & inſérés

J'ajouterai feulement , en terminant ce Chapitre, que les influences du méphitifme de l'athmofphère font apparemment encore bien affoiblies , par la quantité des vapeurs humides qui doivent s'élever fans ceffe d'un fol auffi marécageux que celui de ces val-lées (94) & qu'elles agiffent fans doute avec plus ou moins de violence fur les différens individus , felon la différence des tempéra-mens.

---

dans le fupplément au Journal de Phyfique pour l'an 1778 , pag. 444. & fuiv.

(94) Les marais font donc à la fois & le fléau & la félicité du Vallaifan , lorfqu'ils font rendus propres à la culture. Cette plaine eft renfermée en-tre des murs épais & inébranlables , élevés à des hauteurs immenfes par les mains de la Nature, où la chaleur fi propice à la production des végétaux, fe concentre & lui procure les moiffons les plus bel-les & les plus abondantes ; auffi M. Scheutzer a-t-il vanté dans fes ouvrages la grande fertilité de cette contrée.

EXCURSION

Planche .1.
Fig .1.
Fig .2.
Fig .4
Fig .5
Fig .3. D
A
B
C

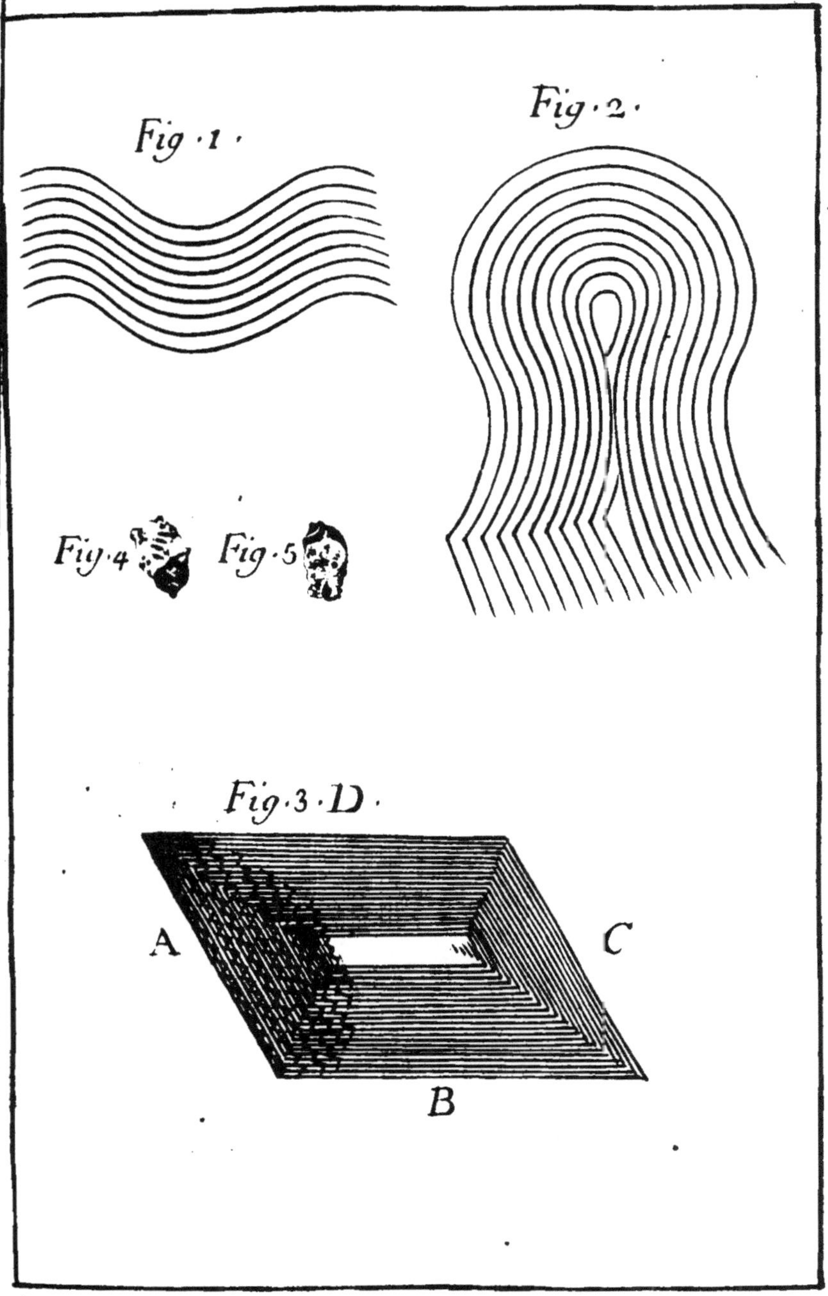

RELATION

D'UNE

EXCURSION

SUR

LE LAC DE LUCERNE,

OU

LAC DES QUATRE CANTONS.

K

EXCURSION
SUR L·E LAC
DE LUCERNE.

Dans le commencement de Novembre de l'année 1783, ne me fentant pas encore bien rétabli de la fiévre, qui m'avoit furpris aux bains du Vallais, & pouvant encore efpérer quelques beaux jours, j'entrepris un voyage, dont le principal but, (ne pouvant plus, dans cette faifon, faire de courfes dans les hauteurs des montagnes) fut d'examiner de près, les finguliers rochers décrits par Scheutzer. *But de cette courfe.*

Je vins d'abord à Lucerne, où je m'arrêtai une demi journée, que j'employai à voir les environs, & le fingulier ouvrage de Mr. le Général Pfiffer. *Lucerne.*

Je ne m'arrête point maintenant à décrire ma route, depuis Laufanne jufqu'à cette ville, parce que cette defcription fera mieux placée à mon retour; je ne m'étendrai point non plus à parler des villes & des édifices, parce que cela n'entre pas proprement dans mon plan, qui n'embraffe purement, que les productions & les phénomènes du règne minéral ; on peut trouver ces détails dans l'ouvrage de Mr. Coxe (95).

Le lendemain de notre arrivée, nous louâmes un bâteau couvert, & nous nous embarquâmes fur le lac de Lucerne. Ce lac n'offre qu'un afpect hideux & effrayant pour tout homme qui ne fait point admirer les beautés & les phénomènes de la nature, même la plus horrible ; ce ne font prefque de tous côtés que des rochers élevés, arides & coupés à pic, qui le furplombent : ces bords font peu habités, excepté dans quelques endroits, où les rochers, comme interrompus par les côtés, forment un enfoncement dont on a pu profiter pour s'y établir, tel que celui où eft fituée la petite république de Guérifau.

Toute la partie méridionale du lac de Lucerne eft bordée de hautes montagnes, dont le pied eft baigné par fes eaux ; mais fa partie feptentrionale, depuis Lucerne jufqu'au mont Kufnacht, ne fait voir que des côteaux peu élevés, compofés de breccia, dont nous allons parler plus en détail.

De ce même côté du lac de Lucerne, à une lieue de la ville de ce nom, l'on voit le monument érigé en l'honneur du libérateur de la Suiffe, Guillaume Tell ; il a été

____

(95) Lettres de Mr. William Coxe, à Mr. W. Malmoth, fur l'état politique, civil & naturel de la Suiffe &c., en deux volumes in-octavo.

conftruit fous la direction de Mr. le Général Pfiffer, & aux frais & dépens de Mr. l'abbé Raynal, fi connu par fes ouvrages & fes libéralités. On vouloit d'abord, avec raifon, le placer dans le canton de Schwitz, fur les terres d'un payfan, qu'on avoit exhorté à y confentir; mais cet homme, jaloux de fa liberté, & peu foucieux d'un pareil honneur, refufa, dans la crainte d'être obligé par-là de facrifier une partie de fon indépendance.

C'eft fur un rocher, environné d'eau, nommé l'ifle de Vieux-ville, vis-à-vis d'un cap, que forme ici la côte, que fe trouve fitué ce monument; c'eft une pyramide à quatre faces, fur un pied-d'eftal, également quadrangulaire; le corps de la pyramide & du pié-d'eftal, font d'un marbre lumachelle, blanchâtre, avec un encadrement à chaque face, d'un beau granit blanc, avec mica noir, tiré d'un beau bloc, qui fe trouve aux environs de Lucerne; le marbre du pié-d'eftal eft orné des armes du canton, revêtu de dorure; le fommet de la pyramide eft terminé par un ornement, où l'on n'a pas épargné non plus la dorure, repréfentant une pomme, percée d'une flèche, couronnée du chapeau, fymbole de la liberté; fur le marbre des quatre faces de la pyramide, on lit des infcriptions latines & allemandes, en lettres d'or, dans l'ordre fuivant :

Sur la face tournée vers le Nord, les paroles suivantes :

DEM EWIGEN ANDENKEN DER ERSTEN STIFTER DES EIDGENOSSISCHEN BUNDES GEWIEDMET.

Et au-dessous.

OPTIMIS CIVIBUS GUALT. FURST URANIENSI, WERNERO STAUFFACH SWITENSI, ARNOLDO DE MELCHTAL SUBSYLVANIENSI.

Sur la face tournée vers l'Ouest.

AD RERUM TAM BENE FORTITER FELICITERQUE GESTARUM MEMORIAM SEMPITERNAM OBELISCUM HUNC GUILLELMUS THOMAS RAYNAL, NATIONE GALLUS, PROPRIO SUMPTU ERIGI CURAVIT, ANNO X. MDCCLXXXIII.

Sur la face tournée vers le Sud.

QUOD ANTIQUAM TRIUM FŒDERATARUM PROVINCIARUM LIBERTATEM PENE EREPTAM PARI FIDE ANIMO FORTUNA RECUPERARUNT, VINDICARUNT, ASSERUERUNT.

Sur la face tournée vers l'Est.

QUOD EORUM CONSILIO, VIRTUTE, CONSTANTIA EXACTI AUSTRIACORUM PRÆFECTI, VICTI DUCES, EXERCITUS PROFLIGATI.

Le rocher ifolé, fur lequel on a placé ce monument, eſt rempli de cavités anguleuſes, du côté qui regarde la côte, dont il paroit avoir été détaché, & fur les bords de laquelle on voit pluſieurs fragmens qui paroiſſent avoir fait autrefois partie de cette maſſe; en deçà de ce rocher, l'on voit deux autres groſſes maſſes fur leſquelles on peut faire la même obſervation; on voit même très-diſtinctement les angles rentrans, dans leſquels étoient inſerées leurs parties correſpondantes à ces angles, lorſqu'elles faiſoient partie de la côte dont elles ſe trouvent maintenant détachées & peu éloignées; il n'en eſt pas de même de pluſieurs autres endroits de ces hauteurs dans leſquelles on voit partout des diſruptions de rochers & des veſtiges de ruines; ces fragmens, plus ou moins gros, ont été emportés quelquefois aſſez loin de leur lieu natal, & tellement défigurés, que l'on ne peut plus guères leur aſſigner la place qui leur appartenoit.

Rocher & fragmens détachés de la côte.

Pendant que nous étions à l'iſle de Vieux Ville, je me ſuis attaché à connoître la nature de la côte ſeptentrionale du lac de Lucerne, & j'ai reconnu, que les rochers qui la forment, ſont des maſſes preſque continues de breccia, compoſées de fragmens roulés, de roches primitives, furtout tels quedu porphyre rouge (96), du granit, de la roche

Cette partie de la côte, de quoi compoſée?

____

(96) J'appelle cette pierre porphyre, faute d'un nom plus propre à exprimer ſa nature, car elle

feuilletée quartzeuſe & micacée, (ſaxum Fornacum) & de la matiere même de gluten, qui eſt un grais argilleux, mèlé de parties calcaires, plus ou moins groſſier, & ſemblable à celui des environs de Lauſanne, que l'on nomme môllaſſe, & que je déſignerai déſormais toujours ſous ce nom : ce ciment naturel, ou gluten, ſe décompoſe tellement ici, que les fragmens roulés, tiennent à peine les uns aux autres, & ſe détachent & tombent facilement. Ces rochers font voir des veſtiges de la décompoſition du fer, ou des parties pyriteuſes dont ils font pénétrés, & font expoſés aux vents & aux pluies du Sud-Oueſt.

Son expoſition.

En continuant notre route, nous nous trouvâmes bientôt à l'endroit où le lac eſt le plus large; c'eſt entre & vis-à-vis de deux grands golfes qu'il forme; ſa largeur, de la pointe d'un des golfes, à celle de l'autre, eſt de plus de cinq lieues, tandis que par-

Endroit de la plus grande largeur du lac.

---

n'eſt point un vrai porphyre, étant compoſée des mêmes principes que le granit, c'eſt-à-dire, de quartz & de feldſpath ; mais le granit n'eſt formé que de grains étroitement unis entr'eux ; ce qui, comme on ſait, lui a mérité ſon nom ; & ici ce font des cryſtaux de feldſpath, blancs, en forme de petits quarrés ou lozanges, diſperſés dans un quartz rouge, lamelleux & en maſſe, qui ſemble leur ſervir de gluten, comme la matiere du jaſpe dans le porphyre ou l'ophyte : cette pierre ſinguliere peut donc être regardée comme faiſant la nuance ou le paſſage du granit au porphyre.

tout ailleurs, elle n'eft de guères plus d'une lieue ou une lieue & demi; l'un de ces golfes, affez étroit, fe dirige vers l'Oueft, il eft bordé au Nord & au Nord-Oueft par le fameux mont Pilate, & vers le Sud par le mont Burgenberg. C'eft de ce côté, qui appartient au canton d'Underwald, qu'eft fitué le bourg de Stantz-Stadt, & c'eft dans fes environs que fe trouve la plus grande profondeur du lac de Lucerne, qui, s'il faut en croire Mr. le Général Pfiffer, qui dit l'avoir mefuré lui-même, eft de 160 toifes, & de 100, felon ce que nous dirent nos bateliers.

Deux golfes formés par le lac.

Où eft la plus grande profondeur du lac.

L'autre golfe fe dirige vers l'Eft, & eft plus large que celui dont nous venons de parler, il eft bordé vers le Nord par les collines de breccia dont j'ai parlé, & du côté oppofé s'élève au-deffus de lui le mont Kufnacht (97); à la pointe du golfe eft fitué le village de Kufnafcht, dans un vallon, qui fe prolonge apparemment toujours plus à l'Eft jufqu'au lac de Zug; tout ce qui eft à l'Oueft de ces golfes & une partie du pays fitué au Nord du dernier golfe dont j'ai parlé, appartient au canton de Lucerne; mais ce qui eft à l'Eft & Nord-Eft de ce même golfe, dépend du canton de Zug.

Le mont Pilate fe prolonge en pente douce, & en s'abaiffant toujours de plus en plus le

Le mont Pilate.

----

(97) Cette montagne eft défignée dans les cartes fous le nom de mont Rigi, Rigiberg.

long de la partie feptentrionale du golfe qu'il
borde ; fa partie inférieure eft affez riante
& boifée, mais fur une grande partie de fa
hauteur, il ne préfente que des rochers
nuds & efcarpés, & paroiffant, depuis le lac
ou depuis Lucerne, compofés en partie de
maffes en feuillets verticaux, & en partie en
couches minces ; comme il eft comme brifé
& fendu, & divifé en plufieurs pointes, ce
qui lui a fait donner fon nom de *Mons
Fractus*, on peut, ce me femble, préfumer
que ces effets font dûs au creufage des eaux
des torrens & des pluies, & à l'éboulement
des rochers, ainfi que cela fe voit dans plufieurs montagnes formées de couches minces, (voyez le voyage précédent) & en partie auffi par la caufe générale qui a agi évidemment fur toutes ces montagnes, & dont
nous parlerons plus loin.

M. Capeller, dans une hiftoire du mont
Pilate, qu'il nous a donné, croit avec raifon,
que cette montagne a fubi de grandes révolutions ; on en peut juger par la defcription
qu'il en donne, & par laquelle on voit qu'elle
eft formée en grande partie de bancs de
mollaffe & de pierre calcaire, furtout dans
fa partie élevée & la plus nue, qui foin fouvent mêlés, (ainfi que l'obferve auffi Scheutzer) de fragmens de pétrifications, & fe trouvent coupés par des bancs de breccia. Il y
a toute apparence que le mont Burgen, (Burgen - Berg) qui s'élève, comme nous l'avons
vû, vis - à - vis du mont Pilate, de l'autre
côté du golfe, eft compofé, de même que

cette montagne, dont il paroit avoir été féparé; quoique vû du lac de Lucerne, il paroit, comme celle-ci, n'être formé que d'une pierre calcaire grife.

En continuant à naviger fur le lac, on peut faire la même obfervation que nous venons de faire fur d'autres montagnes; par exemple, au-deffus du Selisberg, & non loin de la partie de la côte, vis-à-vis de celle-là, où eft fitué Guerifau, s'élève le mont Fau, dans le canton d'Uri, qui forme une pointe élevée & arrondie à fon fommet, qui eft couronné par des couches minces, ayant pour bafes dés bancs très-épais, ne formant, pour ainfi dire, qu'une maffe continue, coupés de fentes perpendiculaires & profondes, qui ne font vifiblement compofés que de fragmens pierreux, agglutinés enfemble. •

A la rive feptentrionale du lac, eft le mont Kufnacht, dont j'ai parlé, vû de Lucerne, il paroit compofé de couches minces de mollaffe, qui font inclinées du Nord Eft au Sud - Oueft; même apparence depuis le lac jufqu'aux environs des monts de Guerifau, jufqu'auxquels fe prolonge le mont Kufnacht; mais là la partie inférieure de cette montagne femble encore compofée de breccia.

Il paroît donc que toutes les montagnes qui bordent la partie du lac de Lucerne, que je viens de décrire, fur plus de la moitié de fa longueur, font dues à des attériffemens & à une éruption fubite & des plus violentes des eaux de la mer, qui couvroit les plus grandes hauteurs du globe dans cette partie des chaines des Alpes ; il paroît même qu'on peut compter plusieurs époques semblables, dont les unes ont formés ces dépôts tertiaires, & les autres les ont détruit en partie ; car il paroit encore assez évident à l'inspection, que les côtes basses qui bordent toute la partie septentrionale du lac, en commençant depuis l'extrémité du golfe, où est situé le village de Kusnacht, & qui ne sont aujourd'hui, comme nous l'avons vu, que des colines de breccia, formoient autrefois également une haute montagne, qui doit avoir été contiguë au mont Kusnacht. On conçoit d'ailleurs aisément que tout l'effort des eaux a dû se porter de ce côté, parce que la partie méridionale du lac n'offrant qu'une suite de chaines qui se succédent les unes aux autres, se servent, pour ainsi dire, mutuellement d'appui, & ne s'écartent guères de la ligne droite de l'Est à l'Ouest; il étoit naturel que les débris, que charrioient ces eaux, fussent en moindre quantité de ce côté que de l'autre, & qu'elles eussent aussi plus de facilité à entamer les rochers de la côte septentrionale, que ceux de la côte opposée : la simple inspection de la carte de Mr. Pfiffer confirme ces faits ; on y voit, que depuis les monts de Guerisau & la côte opposée, le lac s'élargit & s'ouvre de plus en plus, & que cet élargissement n'est dû qu'à ce que les montagnes de sa rive septentrionale s'écartent toujours de plus en plus ici de la direction de la chaine de la côte opposée, qui est presque toujours de l'Est à l'Ouest, tandis que celle dont il est ici question se porte toujours de plus en plus vers le Nord-Ouest, parce qu'il ne se trouve point derriere elle d'autres chaines plus hautes, comme à la rive opposée, qui brisant l'effort de l'eau, eussent pu l'empêcher d'accumuler ses dépôts de ce côté. Mais continuons notre route, & examinons des phénomènes d'une autre nature.

Lorsque l'on est entre les deux golfes dont j'ai fait mention plus haut, on distingue au Sud-Est, au-dessus des montagnes du canton d'Underwald, quelques hautes sommités du pays de Glaris, & au fond du golfe, au bord duquel est situé Stantz-Stadt, on voit une pointe basse, garnie de bois, qui paroît isolée de tous côtés, en forme d'isle, & derriere laquelle on apperçoit les hautes montagnes neigées du pays de Hasli.

Il n'y a peut-être guères de vallées, (excepté celles qui doivent plus ou moins leur origine aux mèmes causes que celle où est situé le lac de Lucerne) où la vraie direction des couches des montagnes soit aussi difficile à saisir & varie autant qu'ici, & où elles se montrent dans un plus grand désordre; ce qui seul pourroit suffire pour faire présumer de grandes révolutions, si d'ailleurs on n'en avoit encore des indices plus frappans, dont nous parlerons. On va voir plusieurs exemples de ces singularités dans la suite de ce voyage.

Plusieurs exemples de cette variété : 1°. Dans les couches des monts de Guerisau.

Les couches des monts de Guerisau suivent d'abord la même direction que celles du mont Kufnacht ; mais près de l'endroit où commencent ces monts, ils font angle avec la montagne ci-dessus nommée, & de l'autre côté de cet angle, ces couches ont une direction entiérement opposée à la premiere, qu'elles reprennent & reperdent toujours succeffivement enfuite, en changeant continuellement, & femblant fe brifer fous divers angles & à plufieurs reprifes. Le Burgenberg a fes couches inclinées encore affez réguliérement de l'Oueft à l'Eft ; mais cel-

Dans celles du Selisberg.

les du mont Selis, (Selisberg) qui en eft un prolongement, & vis-à-vis des monts de Guerifau, offrent encore bien des variétés ; cette montagne préfente une côte efcarpée & baffe, en comparaifon des autres montagnes qui l'environnent, offrant à fon fommet un plateau plus ou moins finueux, couvert de verdure ; elle femble avoir été plus élevée autrefois, & eft compofée de couches qui paroiffent calcaires, qui font ou affez épaiffes, ou fort minces ; dans ce dernier cas, elles ne paroiffent pas toujours horizontales comme dans le premier, mais plus ou moins affaiffées & fouvent contournées en forme d'arc de cercle ; fouvent auffi, & furtout lorfqu'elles ont cette derniere forme, elles paroiffent brifées, fendues & comme morcelées.

Le Selisberg n'eft pas le feul qui faffe voir ce dernier phénomène ; ayant fait halte à

Guerifau, où nous dînâmes, j'eus lieu d'obferver que les montagnes qui s'élèvent au-
deffus de ce petit bourg, font compofées de
couches, en partie en feuillets verticaux,
mais qui, vers le bas, tendent à prendre la
forme de couches qui font inclinées vers
l'Oueft, & compofées dans cette partie d'un
marbre lumachelle compacte (98); toutes
ces couches, foit verticales, foit inclinées,
font voir partout des traces de difruptions,
& font furtout dans la partie inférieure de
ces rochers très-morcelés.

Plus loin, & vis-à-vis de Brunen, fitué
dans le même vallon que Schwitz, auquel il
fert de port, le Selisberg fait voir des couches toujours minces, inclinées à l'horifon
du Nord-Oueft au Sud-Eft, environ de 30
degrés; & l'on obferve en même tems ici
un accident bien plus frappant, mais auquel
je reviendrai une autre fois.

Après avoir dépaffé l'avancement que forme
ici le Selisberg, nous fuivîmes l'angle que forme
au même endroit le lac, & nous portâmes vers
le Sud - Eft. C'eft alors que s'offrit à nous le
fingulier afpect décrit par Mr. Scheutzer, qui
en a même donné le deffein; le mont Murli,

---

(98) Ce marbre doit être entremêlé de couches
de petrofilex; j'en ai ramaffé des fragmens d'un
beau verd au pied de ces montagnes.

(Murlisberg) (99) qui eſt un prolongement des montagnes du canton du Schwitz, auquel il appartient, peut être conſidéré en partie ſupérieure & en partie inférieure ; la premiere s'élève en forme de roc nud ; mais la partie inférieure du Murlisberg, forme, comme le Selisberg, une côte haute & eſcarpée, couverte de verdure ; ſurtout à ſon ſommet, qui préſente également une pelouſe aſſez étendue & plus ou moins ſinueuſe, qui ſemble de même avoir été plus élevée autrefois, & avoir fait corps avec la partie ſupérieure du mont Murli, peut-être juſqu'à ſon ſommet ; cette côte baſſe eſt compoſée de couches calcaires, aſſez épaiſſes & ſenſiblement arquées ou voutées, ayant leur convexité tournée vers le ciel ; de l'autre côté du lac, on peut faire, ſur le Selisberg, la même obſervation ; mais ſes couches, toujours fort minces, ſont encore morcelées.

Couches ſingulieres du Murlisberg.

Du petit Axenberg. Après avoir paſſé le Mulisberg, nous bordâmes de près le petit Axenberg, montagne contiguë au mont Murli : c'eſt ici que l'on voit ces couches ſi ſingulieres, en forme de zig-zags, repréſentées dans la figure de Mr. Scheutzer (100).

Ces

---

(99) C'eſt la même montagne que Scheutzer déſigne ſous le nom de Fronalp.

(100) Voyez la Natur. hiſtorie des Schweitzerlandes, T. 1. Tab. I.

Ces formes font d'autant plus fingulieres à la premiere vue, que l'on ne peut pas fimplement les attribuer à la preffion des couches fupérieures, détruites, comme les côtes baffes du Murlisberg & du Selisberg, parce que le petit Axenberg eft prefque auffi élevé que les monts qui lui font contigûs, & que ces couches fingulieres coupent obliquement les bancs du rocher; mais une infpection plus exacte fait bientôt reconnoître que la différence de ces formes & de la figure de la montagne, par rapport à celles où s'obfervent ordinairement ces fortes de phénomènes, n'en eft point une dans la caufe qui les a produite; car on diftingue alors fort bien, que les parties du rocher efcarpé, que forme ici le petit Axenberg, qui préfentent aux yeux la figure de zig-zags, font compofées de couches minces, refferrées, & pour ainfi dire, encaiffées de tous côtés par des bancs beaucoup plus épais; ces bancs, dans l'inclinaifon defquels il y a autant de défordre que dans celle des couches de plufieurs autres montagnes, où nous les avons déja obfervé, fe trouvent fitués au - deffus, au-deffous & fur les côtés des couches en zig-zags & paroiffent les avoir enfoncées & repliées par leur poids.

Revenons à préfent fur nos pas, avant de continuer notre route, pour jetter un coup d'œil attentif fur d'autres phénomènes plus intéreffans encore & qui peut - être ont entraînés ceux dont nous venons de parler;

L

pour raſſembler ainſi ſucceſſivement & avec ordre une ſuite d'obſervations particulieres & partielles, qui puiſſent nous conduire a un ſiſtème général, à une bonne théorie de la formation de la vallée du lac de Lucerne, de celle d'Uri, & peut-être de quelques autres.

Nous avons vû, en reprenant notre route depuis Lucerne, les hauteurs caillouteuſes qui forment une partie de la côte ſeptentrionale du lac de Lucerne, préſenter par-tout à l'œil des veſtiges de ruines, & le ſpectacle étonnant du déſordre le plus frappant ; ce ſpectacle ſe renouvelle d'une maniere bien plus marquée, à meſure que l'on continue à longer le lac, car toutes les montagnes qui le bordent des deux côtés, ſurtout la bâſe des monts de Gueriſau, & ſurtout celles des monts du canton de Schwitz attenants aux premiers, ſemblent avoir été violemment ébranlées par quelques chocs des plus puiſſants; on y diſtingue des fentes conſidérables, des couches plus ou moins affaiſſées & morcelées, des angles rentrans & des parties avancées, bien différentes de celles que l'on obſerve dans des montagnes qui n'ont point été dérangées par quelque cataſtrophe, une quantité de petits fragmens anguleux giſſant au pied des rochers, & d'autres également anguleux & d'une groſſeur prodigieuſe, entrainés dans le lac à quelques diſtances des bords; dans certains endroits, ces débris ſont dûs aux avalanches, mais ceux-la ne ſont pas les plus communs & ſont bien reconnoiſſables par la trace perpétuelle de la route que laiſſe une avalanche, & à l'extrèmité de laquelle se trou-vent ces débris accumulés ; plusieurs sont dùs à la décomposition des couches pierreuses, produite par l'action des agens naturels, mais ces effets de leur action sur les rochers, qui s'observent dans toutes les parties mon-tagneuses du monde, sont infiniment mini-mes en comparaison de ceux qui se présen-tent ici le plus communément; ces agens ne détachent, comme l'on sçait, que peu-à-peu & très à la longue, quelques petits fragmens épars dans les plaines situées au pied de ces montagnes; mais ici ce sont des amoncelle-mens immenses, & les endroits où ils se trouvent sont presque les seuls où le pied du roc ne paroit point en un contact immédiat avec l'eau.

Dans l'enfoncement du même vallon, à l'en-trée duquel j'ai dit qu'étoit situé le port de Brunen, on voit s'élever au - dessus du vil-lage de Schwitz, le mont Grosch, une des plus hautes sommités de cette partie des Al-pes. Il est formé de trois pointes dont les deux plus petites semblent composées de feuillets pierreux, verticaux & saillans, & celle du milieu qui est la plus élevée, au contraire, de larges feuillets qui semblent comme applatis & comprimés; l'on voit avec surprise au sommet de cette derniere, un vui-de de forme anguleuse, qui doit être très-considérable, puisqu'il est si remarquable à une telle hauteur & à une aussi grande dis-tance; cette pointe étant souvent recouverte comme d'un chapeau de nuages, pendant que le ciel eft de la plus grande férénité; partout ailleurs, ces nuages forment ombre fur la cavité en queftion, tandis que tout le refte de la montagne eft éclairé, ce qui ajoute à la fingularité du fpectacle.

J'ai déja fait obferver l'inclinaifon des couches du Selisberg vis-à-vis de Brunen, & j'ai touché un mot au fujet d'une autre obfervation qui doit avoir fa place ici; l'on eft frappé, lorfque l'on fe trouve précifément à la pointe du Cap que forme dans cette partie du lac le Selisberg; on eft frappé, dis-je, d'admiration, lorfque l'on voit une groffe maffe de rocher haute de plus de 50 pieds & d'une épaiffeur prodigieufe, détachée entiérement & fi exactement du Selisberg, que fa place eft encore empreinte dans cette côte élevée, comme fi cet accident étoit encore tout récent; l'on comprend fans doute quelle force il a fallu pour produire cet effet, & l'on fent affez qu'il n'eft pas probable qu'il ait pú avoir lieu depuis la deffication totale & parfaite des couches de ces montagnes.

Singuliere obfervation.

Autres exemples pareils.

L'on voit encore dans ces montagnes d'autres effets femblables & non moins frappans, tels qué plufieurs échancrures confidérables, & qni indubitablement font poftérieures à la formation de ces rochers; c'eft ainfi que l'on voit deux pointes détachées de la maffe du Murlisberg à fa face Sud-Oueft, où la correfpondance des couches rompues & féparées eft très-bien marquée.

Après avoir confidéré d'un œil attentif les grands phénomènes qui s'offrent ici à chaque pas, entrons dans quelques détails fur les caufes que l'on doit conjecturer les avoir produits.

Il paroit évident par l'infpection, ainfi que je l'ai déja fait entendre, que les plus hautes fommités qui dominent le lac de Lucerne & les vallées adjacentes, ont jadis été couvertes par les eaux de la mer, comme les pointes les plus élevées des autres parties du globe, & un ingénieux & favant Naturalifte nous a déja démontré que les grandes vallées ont dû leur premiere origine aux violents courants de ces eaux (101) ; je me flatte auffi d'avoir fait voir que celles de ces vallées qui ont une direction qui s'écarte peu de la ligne droite, ne font dues originairement qu'à une érofion *très-lente & pour ainfi dire fucceffive* des rochers des montagnes qui les bordent (102) ; telles doivent être la plupart des vallées des Alpes.

La mer a recouvert ces montagnes.

Mais un obfervateur attentif & philofophe, lorfqu'il aura faifi l'enfemble du défordre & du dérangement que l'on remarque dans les

Confidérations fur l'en-

---

(101) Mr. de Buffon dans fa *Théorie de la terre*, avoit déja avancé la même chofe, mais M de Sauffure eft le premier qui ait mis cette vérité en évidence.

(102) Voyez le Chapitre III. du voyage dans le Vallais.

couches des montagnes que nous venons de
décrire , lorfqu'il aura fait attention à la
forme bizarre & peu ordinaire du lac de Lucerne , & qu'il aura fçu rapprocher dans fa
tète les rapports peut - être uniques entre
cette forme & ce défordre ; cet obfervateur,
dis-je, ne pourra confidérer la vallée dont
nous parlons , comme le produit d'un courant marin qui s'étant ouvert naturellement
un paffage dans ces montagnes , aura dans
fon action fur elles, toujours fuivi les loix
de la premiere impulfion de fon cours ; il ne
pourra au contraire s'empêcher de reconnoître qu'une caufe encore plus puiffante, a con-
couru à la production de ces finguliers phénomènes, & a même entiérement troublé &
dérangé les effets de la premiere.

    L'on fait que la Suiffe eft en général affez
fujette aux tremblemens de terre, & depuis
que les Annales du pays ont commencé à
en faire mention, il paroît que le Vallais &
les cantons de Zurich & de Bâle, font les
pays qui en ont le plus fouffert. C'eft furtout dans ce dernier canton que les fécouf-
fes ont été les plus violentes , à en juger par
les rélations raffemblées par MM. Scheutzer
& Bertrand (103). Dans les ouvrages de ces
mêmes auteurs encore, on voit que Lucerne
dans les tems modernes a été rarement

---

(103) Natur Gefchichte des Schweitzerlandes.
Mémoires fur les tremblemens de terre.

fujette à des fecouffes vives de tremblemens de terre , & que celles qu'elle a
éprouvée ne font ordinairement venues qu'à
la fuite de quelques tremblemens plus violens, reffentis ailleurs (104) ; mais comme
l'on rencontre prefque par-tout de nos jours
des reftes de volcans éteints , il paroît que
les feux fouterrains ont anciennement & fuc-
ceffivement embrafés ou ébranlés toute la
terre ; le pays de Lucerne a eu fans doute
fes tems de malheurs & de défaftres , comme
les autres , mais heureufement pour le genre
humain, ces défaftres femblent remonter à
une époque fi reculée, qu'apparemment aucun homme encore n'en a pu être le témoin ;
ces feux fouterrains ont épuifé leurs efforts
fur ces maffes pierreufes & colloffales, prefque dès leur origine , & les premiers habitans de ces contrées n'en ont plus reffenti
que de foibles effets.

Tout ce que nous avons vû confirme
cette théorie; il eft évident que des maffes
de roc auffi énormes, & dont j'ai parlé plus
haut, détachées des montagnes fouvent avec
tant de régularité, que l'on diroit que l'art y
a mis la main, ne peuvent s'être prêtées à une
difruption auffi réguliere & auffi confidérable de leurs parties, que dans un tems peu
poftérieur à la formation de ces montagnes, Epoque
de ces
événe-
mens.

(104) Voyez encore Capeller *Pilati Montis Hif-
toria.*

dont les couches jouiſſoient encore d'une ſorte de molleſſe facile à vaincre ; auſſi voit-on rarement, à ce qu'il m'a paru, une correſpondance auſſi marquée entre les angles ſaillans & rentrants des montagnes, que celle qui s'obſerve dans les deux chaines qui bordent ſurtout la partie orientale du lac de Lucerne.

Il s'eſt formé alors un courant marin. C'eſt donc à l'aide des antiques tremblemens de terre qui ont ébranlé & ſoulevé ces montagnes récemment formées, qu'eſt duë l'origine du courant marin qui s'eſt ouvert un paſſage dans la vallée d'Uri du lac de Lucerne, & qui s'eſt étendu plus loin encore de ce côté, ainſi que nous le verrons plus bas. Ce courant occaſionné par une cauſe irréguliere, & agiſſant dans différens ſens, *Qui a formé les montagnes de Breccia qui bordent le lac de Lucerne.* s'eſt auſſi creuſé un lit tortueux & irrégulier, (105) & les angles & les obſtacles qu'il rencontroit ſans ceſſe ſur ſa route, lui ont donné une viteſſe & une force conſidérables, de maniere qu'il a emporté les débris arrachés des rochers à une très-grande diſtance, & les

---

(105) Comme la plupart des grands lacs affectent rarement une forme auſſi bizarre, & que les circonſtances qui accompagnent celle - ci, ſe rencontrent auſſi rarement, il ſemble que la premiere n'exiſte point ſans les dernieres, & que partout où il y a des lacs d'une figure auſſi irréguliere que celui de Lucerne (comme ceux de Come, de Lugano &c.) on doit ſuppoſer la même origine aux vallées qui les renferment.

a accumulés dans les lieux où on les voit de nos jours, & à des hauteurs conſidérables ; il eſt à croire que les montagnes qui bordent le lac de Zug & la vallée où eſt ſitué Schwitz, feroient voir les mêmes veſtiges d'ébranlement que ceux qui s'obſervent ici, & qui aura donné lieu au courant dont nous parlons, de ſe porter en partie vers ces vallées.

Si l'analogie eſt exacte partout, & ſi elle ſe trouve partout auſſi d'accord qu'ici avec les obſervations du ſavant Naturaliſte de Genève, on doit préſumer que les côtes Nord, & Sud-Eſt du lac de Zug, & l'extrémité de la vallée de Schwitz, au-delà de ce bourg, ſont formées auſſi des débris des montagnes au travers deſquelles ce courant s'eſt frayé un paſſage, ainſi que cela s'obſerve à la côte occidentale du lac de Lucerne. (106)

La ſeconde époque qui a donné lieu, à ce qu'il paroît, à la deſtruction d'une partie des rochers, qui, de ce côté bordent le lac, & dont nous avons touché un mot plus haut, doit ſans doute avoir été encore bien poſtérieure à celle de leur formation, & paroît en-

Autre conjecture.

Seconde époque où ces montagnes ont ſouffert de nouvelles révolutions.

---

(106) M. de Sauſſure obſerve qu'en général entre les grandes chaines, il ſe trouve des amas de cailloux roulés, & en parlant de la colline de St. Paul, que là où les grandes vallées s'élargiſſent & s'ouvrent conſidérablement, on trouve des hauteurs compoſées de breccia ; notre obſervation, comme on le voit, eſt conforme à la ſienne.

core due à un fecond ébranlement des plus
violents, non-feulement de la maffe totale
de ces montagnes, mais encore des eaux qui
les fubmergeoient, & qui aura imprimé au
courant dont nous parlons ici, une telle
vélocité & une telle impétuofité, que partout
où il ne fe fera point préfenté à lui des obf-
tacles prefqu'invincibles, (ainfi que nous l'a-
vons remarqué pour les côtes méridionales
de la partie occidentale du lac) rien n'aura
pu réfifter à fes efforts. Mais revenons à notre voyage.

Arrivée à Fluelen à l'entrée de la val-lée d'Uri. Nous arrivâmes fort tard à l'extrèmité
Nord-Eft du lac de Lucerne, & nous abor-
dâmes au village nommé Fluelen, à l'entrée
de la vallée d'Uri qui fert de port à la
ville d'Altorff.

C'eft ici que nous éprouvâmes combien il
eft défagréable de ne point connoître la lan-
gue du pays où l'on fe trouve; je parlois bien
allemand, mais chaque canton ayant un dia-
lecte à part & fort différent du bon allemand,
je n'étois pas compris, & ces bonnes gens
peu accoutumés à voir des étrangers, étoient
tout auffi embarraffés que nous, & fe trouvoient fort étonnés que nous ne les com-
priffions point non plus; il s'entreregar-
doient les uns les autres d'un air étonné,
Er fpricht aber Teitfch, il parle cependant
l'Allemand, difoient-ils. Un confeiller du lieu
qui parloit un peu le françois, vint à notre fecours, & voulut bien nous fervir d'in-
terprète, & débuta par nous demander s'il
devoit nous parler en françois, en anglois,

en efpagnol , en allemand ou en latin , mais s'il n'étoit pas plus habile dans les autres langues que dans la françoife, il pouvoit , ce me femble , fe difpenfer de nous faire l'étalage de fon favoir.

Le lendemain matin, nous nous mimes en route pour aller à Altorff, capitale du canton d'Uri; toutes les montagnes à notre gauche étoient vertes & boifées , tandis qu'à notre droite, nous avions le fpectacle impofant de rochers hériffés , fort hauts & prefque nuds ; la premiere montagne que l'on a à fa gauche à l'entrée de la vallée eft l'Eckeberg ; elle préfente une côte en pente douce & boifée, & forme plus près vers le lac un avancement compofé de couches horizontales, mais en avançant plus loin, elles prennent la forme de feuillets verticaux; ces couches font compofées d'une roche fchifteufe & micacée (Saxum Cottarium Wall. fyft. Min. fp. 209. genere faxorum molliorum) fe divifant en lamelles fort minces, d'un gris de fer, avec mica blanc ; c'eft la roche de corne tendre , (Corneus fiffilis mollior , Wall. fp. 170.) qui fe trouve ici mêlangée avec du mica & des parties calcaires ; entre fes couches, on voit quelquefois des concrétions de la même nature, & la pierre elle-même eft coupée de veines de fpath , ce qui doit faire préfumer qu'ici le Saxum cottarium fert de bafe à la roche calcaire.

De l'autre côté de la vallée & vis-à-vis de l'Eckeberg, eft le Gutfcheberg , haute pointe en forme de pyramide, aiguë à son sommet; c'est un immense rocher à la partie inférieure duquel on voit une côte basse & boisée; du même côté de la vallée & derriere le prolongement de la côte même dont je viens de parler, s'éleve le Hornly qui paroît un peu moins haut que le Gutscheberg, & se divise à son sommet en deux pointes. Le Gutscheberg & le Hornly sont tous deux composés de feuillets pierreux, verticaux, mais ceux du premier sont comme applatis & comprimés, dans le second au contraire, ces feuillets semblent plus relevés & saillans (107).

Derriere le Hornly, on distingue les Geitschberg formant comme deux chaines toujours glacées & couvertes de neiges, & en approchant d'Altorff, on voit devant soi & dans l'éloignement, une haute montagne qui s'éleve en forme de rocher conique nud, & se terminant en une pointe très-aiguë, qui paroît située entre deux autres pointes beaucoup plus basses, qui se voient encore dans un plus grand enfoncement de ce côté, & toutes couvertes de neiges.

Il eût été intéressant de connoître la nature de ces montagnes, & d'admirer de près

---

(107) Je crois avoir observé que de toutes les montagnes composées de feuillets verticaux, il n'y a gueres que celles de nature calcaire (& peut-être les montagnes granitiques) dont les feuillets soient saillans, tandis que dans les autres, ils paroissent presque toujours plus ou moins comprimés.

le défordre de leurs couches, qui fe retrou-
veroit apparemment ici, comme aux environs
du lac de Lucerne, mais ni le tems deftiné
à mon voyage, ni la faifon ne me l'ayant
permis, j'ai été obligé de m'en tenir à quelques conjectures fondées, ou fur les formes
extérieures de ces montagnes, ou fur des
fragmens difperfés dans la plaine.

Pendant notre marche, j'obfervai que les
murs des champs, les fragmens roulés gif- *Pierres dont l'on peut conjecturer que font compofées ces montagnes.*
fant à terre, ou ceux employés dans cer-
tains endroits à paver le terrein adjacent aux
murs, étoient compofés ou de la roche que
j'ai décrit plus haut, qui forme le mont Eckeberg, & fans doute les montagnes adjacentes,
de breccia fablonneux, d'autres compofées
de fragmens de roches reputées primitives,
(Breccia Saxofa Wall. fp. 224.) & de marbres & de pierres calcaires noires, ou d'autres couleurs. En entrant dans Altorff, on
voit une jolie églife dont l'avant-toit eft fup-
porté par des colonnes d'un beau marbre
noir, avec de groffes veines blanches.

A Altorff demeure un certain Mr. Müller, *Cryftaux à voir à Altorff.*
ancien *Landamann* du lieu, chez qui l'on
voit & peut acheter de fort beaux cryftaux
de roche; ils font pour la plupart colorés en
jaune enfumés, ils viennent en grande partie
de la vallée de l'Urfa ou de la Reufe (Urferen
Thall.) du mont Gefchenen, & peuvent fervir à faire connoitre la nature de ces montagnes; ils ont tous pour matrice une belle *Leur matrice.*
roche feuilletée, quartzeufe & micacée blan-

che (Saxum Fornacum) fi commune dans les Alpes.

Vallée d'Uri. La vallée d'Uri fe dirige du Sud-Eft au Nord-Oueft fur une longueur d'environ trois lieues & demi, & ayant environ une lieue dans fa plus grande largeur; la Reufe traverfe toute cette vallée, en coulant prefque toujours au pied de la chaine qui la borde vers l'Oueft.

Les goëtreux & les cretins s'y voyent fréquemment. Elle eft affez marécageufe, peu cultivée & peu habitée à ce qu'il paroît; auffi l'on ne voit ici que goëtreux & cretins, comme dans la vallée du Rhône.

Le lac de Lucerne a été plus long. Le lac de Lucerne refferré par-tout entre les rochers, n'a pû s'étendre fur les côtés, mais il a été évidemment plus long autrefois, & a couvert une partie du fol de la vallée d'Uri; fes dépôts & ceux de la Reufe qui le forme ont reculés fes bords, & l'embouchure de ce fleuve n'eft plus fans doute là où elle fe trouvoit autrefois. Mr. Ept, confeiller à Fluelen, nous montra un terrein de 80 toifes de long fur autant de large, qu'il avoit conquis fur le lac; il avoit profité d'un débordement de la Reufe pour s'approprier ce terrein dont il tire un grand parti.

Départ de la vallée d'Uri. Singuliers contours du lac. Montagnes remarqua- Nous nous rembarquâmes le lendemain, bien fâchés de n'avoir pu paffer jufqu'aux fources de la Reufe: depuis Fluelen, la vallée du lac fe dirige de l'Oueft à l'Eft; on voit devant foi une haute montagne, nommée le Kummer-Berg, formée de couches peu inclinées à l'horizon, couverte de neiges toute l'année à fon fommet, divifé

en quatre pointes, dont deux s'élèvent derriere le grand Bau qui fuit, vient enfuite
le petit Bau & le Selisberg dont nous
avons parlé; vis - à - vis le cap, à l'extrèmité duquel eft la chapelle de Guillaume
Tell, le lac tourne du Sud-Eft vers le Nord-
Nord - Oueft ; vis - à - vis le cap formé
par le Selisberg, vis-à-vis de Brunen, il
tourne vers l'Eft-Nord-Eft ; enfuite il s'élargit & fe dirige du Sud-Eft au Nord - Oueft
jufqu'à Lucerne, en ligne affez directe, quoiqu'il forme fur les côtés plufieurs golfes plus
ou moins confidérables, tels que celui au fond
duquel eft fitué Guerifau, celui du côté de
la face Sud-Eft du Burgenberg, & ceux dont
j'ai parlé au commencement de ce voyage.
Toutes les montagnes de la rive gauche du
lac appartiennent au canton d'Underwald,
celles de la rive droite appartiennent en partie au canton d'Uri, en partie à celui de
Schwitz, en partie à la petite république de
Guerifau, & en bonne partie au canton de
Lucerne.

Le lac de Lucerne eft un des plus curieux
& des plus confidérables de la Suiffe, il a
neuf lieues de long, en comptant tous fes
détours, & il en auroit fept en ligne droite;
la hauteur du lac de Lucerne, felon Mr. de
Sauffure, & donnée par Mr. Coxe, eft de
1408 pieds, ou 234 toifes, 4 pieds; & comme la hauteur du lac de Genève, au-deffus
de la mer, fe trouve, felon les obfervations
de Mr. De Luc, être de 187 toifes; il s'en-
fuit qu'il y a entre ce dernier & le lac de

Lucerne, une différence de hauteur de 47 toifes.

Depart de Lucer- ne. Nous ne nous arrêtâmes à Lucerne que pour y coucher, & le lendemain, de bonne heure, nous reprîmes la même route que nous avions fait pour venir ici.

Colline de breccia. Au fortir de Lucerne, au Nord-Oueft de cette ville, & à notre gauche, j'obfervai une colline de breccia, ifolée, au milieu de la côte, gréfeufe ou de mollaffe; il y a toute apparence que le fol même de la ville de Lucerne porte fur le breccia, & que les hauteurs, compofées de cette pierre, s'étendent plus loin que je n'ai pu le voir, parce qu'elles font prefque partout couvertes d'une belle verdure & d'arbres qui cachent le roc aux yeux.

Beauté de cette route. Toute la route, depuis ici jufqu'à Laufanne, eft une des plus charmante que l'on puiffe voir ; ce font partout des vallons & des plaines riantes & cultivées ; tout annonce l'abondance, la fertilité & l'aifance, enfans de la liberté ; le bonheur & le contentement femblent avoir fixé leur féjour parmi ces hommes *de la vieille trempe*, qui, avec leurs anciens & amples vêtemens, leur longue & vénérable barbe, & leur air impofant & grave, femblent avoir ramené l'âge d'or, dans un fiécle où l'on n'en connoît plus que le nom.

Les hauteurs compo- fées de Les côtes gréfeufes, compofées d'une mollaffe à gros grains, fe prolongent au loin, tantôt en s'abaiffant & difparoiffant pour

quelques

quelques inſtans, & tantôt ſe relevant & reparoiſſant de nouveau ; au ſortir de Lucerne, on les voit former deux chaines & ſe diriger vers les hautes chaines des Alpes, ſituées à l'Oueſt & à l'Eſt ; une troiſieme chaine court au Nord ; c'eſt au fond de deux vallons, formés par ces hauteurs, que ſe trouvent placés les lacs de Surſée & de Movenſée, à quelques lieues de Lucerne & à un quart de lieue l'un de l'autre ; le premier a deux lieues de longueur ſur une de largeur, & ſe dirige du Sud au Nord. *(mollaſſe forment pluſieurs chaines baſſes.)*

A Kirchberg, village du canton de Berne, on ſe ſert, pour la bâtiſſe, d'une bonne mollaſſe, verdàtre ; au delà de Berne, à quelques lieues de cette ville, eſt le village de Guimmené, près duquel coule la Sarine ou Sana, venant du mont Sanéche, faiſant partie des Alpes, frontieres du Vallais & du canton de Berne ; le rocher qui la borde près de ce village eſt coupé à pic & offre les marques certaines du creuſage de cette riviere, il eſt compoſé de bancs de mollaſſe entrecoupés de couches minces & fragiles, d'une pierre marneuſe, ſablonneuſe, colorée en rouge & en jaune ; ces pierres n'offrent aucune trace de corps étrangers ; mais il n'en eſt pas de même pour toutes ces hauteurs. *(Mollaſſe verdatre.)* *(Pierres marneuſes mêlées avec la mollaſſe.)*

Près de Moudon, la mollaſſe eſt quelquefois d'un grain groſſier, elle ne paroit point uniquement compoſée de parties quartzeuſes, agglutinées par un ciment argilleux ; mais on y voit auſſi des particules ſilicées *(Nature du grés des environs de Moudon.)*

M

& d'autre nature, deforte que quoique cette pierre porte également le nom de mollaffe, on peut la regarder comme un grais grof-fier à petits grains ; (*Arenarius granularis Wallerii*) on ne trouve point non plus ici de corps marins, mais on voit leur noyaux, j'y ai vu des noyaux de cames & de moules.

Pourquoi l'on ne trouve que des noyaux de co-quilles marines dans ce grés ?

On eft fouvent embarraffé de dire pour-quoi l'on ne trouve, dans certains endroits, que des noyaux de coquilles, vû qu'on ne fauroit affigner aucune caufe apparente de la décompofition du têt meme ; mais il n'en eft pas de même ici, la mollaffe des envi-rons de Moudon eft pénétrée dans beaucoup d'endroits par une ochre de fer, brune ou jaune, & cette ochre eft furtout remarqua-ble fur les noyaux dont nous parlons ; il eft donc évident qu'ici la décompofition du fer à entrainée celle de la coquille. On trouve encore dans cette mollaffe des fragmens de fubftances ligneufes & ochracées, ou fim-plement leurs empreintes également ochra-cées (108).

Il ne paroît pas que jufques à Berne, les hauteurs contiennent fréquemment des pé-trifications ou des reftes de corps marins ;

---

(108) La Broye coule près de Moudon & charrie des cailloux roulés ; on y ramaffe entr'autres un petrofilex, demi tranfparent, d'un beau verd, & tout auffi beau que la chryfoprafe agathe de Wal-lerius. (Voyez fa minéralogie, efp. 131.

ce qui ne prouve cependant pas, qu'elles ne foient dues aux dépôts de la mer (109): mais depuis le Belpberg (110), l'on peut croire, ce me femble, que l'on retrouvera partout, jufqu'à Laufanne même, ces dépouilles d'animaux teftacés marins, & je parlerai ailleurs de celles que l'on trouve aux environs de cette derniere ville.

A un petit éloignement de Berne, on voit une nouvelle chaine, compofée de hauteurs graifeufes, elle fe dirige d'abord vers le Sud- *Autres chaines de hauteurs de nature graifeufe.*

____

(109) Il eft connu des Naturaliftes, combien il eft commun, de trouver, dans les mêmes montagnes, des couches remplies de pétrifications, & d'autres qui n'en contiennent point du tout, ainfi que de celles qui ne contiennent que des fragmens, plus ou moins mutilés, à côté d'autres où l'on ne voit que des individus d'une confervation plus ou moins parfaite : ces bizarreries de la nature dépendent fouvent de circonftances locales dont il eft ou difficile ou impoffible de rendre raifon, & qui fouvent embarraffent finguliérement, lorfqu'il s'agit d'expliquer la formation des montagnes où elles fe rencontrent.

(110) J'ai vu dans des pierres du Belpberg, des pétrifications, des empreintes, & des noyaux de cames & de peignes fans oreilles; on y trouve auffi de belles oftracites & des noyaux de turbinites. J'ai vu encore à Berne, dans l'intéreffante collection de M. Wittenbach, un morceau du Belpberg, fort rare; c'eft un noyau de folénite, trèsreconnoiffable, enclavé & renfermé encore en partie dans la pierre, où l'animal habitant de cette coquille avoit creufé fa demeure.

Oueſt, & va former enſuite la côte orientale du lac de Morat, de-là elle ſe prolonge juſqu'aux environs de Payerne, Moudon, & même en s'interrompant de tems en tems juſqu'au Jorat, juſqu'où nous l'avons ſuivi.

Terme de ce voyage.   Nous nous trouvions alors près de Lauſanne, & ce fut le terme de mon voyage.

F I N.

TABLE

a été tracé que ce modele,

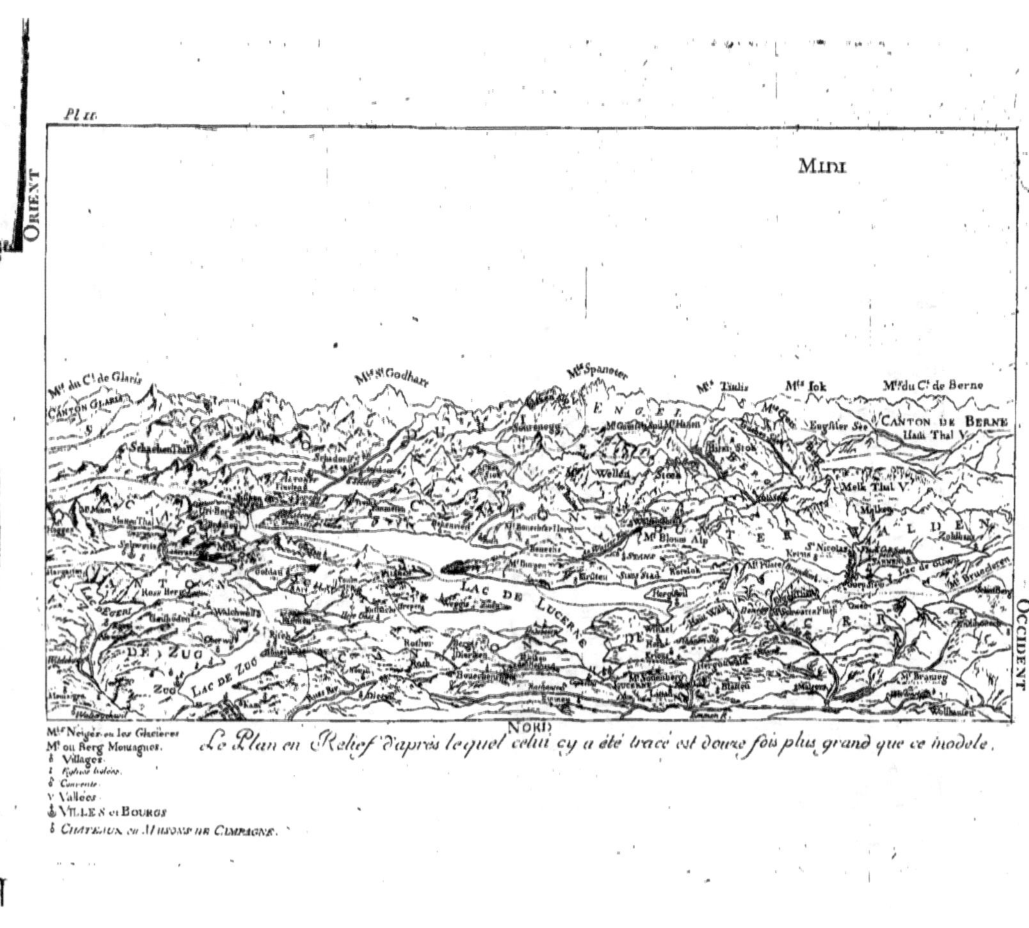

Pl. II.
MIDI
ORIENT
OCCIDENT
NORD
Mts du Ct de Glaris
CANTON GLARIS
Mts St Godhart
Mts Spaneter
Mts Tiulis
Mts Iok
Mts du Ct de Berne
CANTON DE BERNE
Hasli Thal V
ENGEL
Souvenegg
Mt Gemli und Mt Hasen
Hiren Stok
Mt Welleu
Stora
Melk Thal V
Mullen
Zobthun
WALDEN
Mt Dingen
Mt Bloum Alp
St Nicolas
Lac de Glow
Mt Bruendlen
Mt Mulen
Mera Thal
Schachen Thal
Uri Berg
Fluelen
Altorff
Golddau
Art
Ross Berg
Walchwiill's
Untibaden
Oberwyl
DE ZUG
Zug
LAC DE ZUG
LAC DE LUCERNE
LAC DE LUCERNE
Mt Brunig
Stanz
Stanz Stad
Horw
Krilten
Weggis
Kusnok
Kerns
Mt Pilate
Gersau
Rothen
Dierken
Rach
Boueschen
Weggis
Winkel
Horw
Kriens
Hergoiswld
Mt Sonnenberg
LUCERNE
Littau
Blaten
Mt Salgen
Wolhausen
Mt Neiger ou les Glacieres
Mt ou Berg Montagnes.
Villages.
Eglises Isolées.
Couvents.
V Vallées.
VILLES et BOURGS
CHATEAUX ou MAISONS DE CAMPAGNE.
Le Plan en Relief d'après lequel celui cy a été tracé est douze fois plus grand que ce modèle.

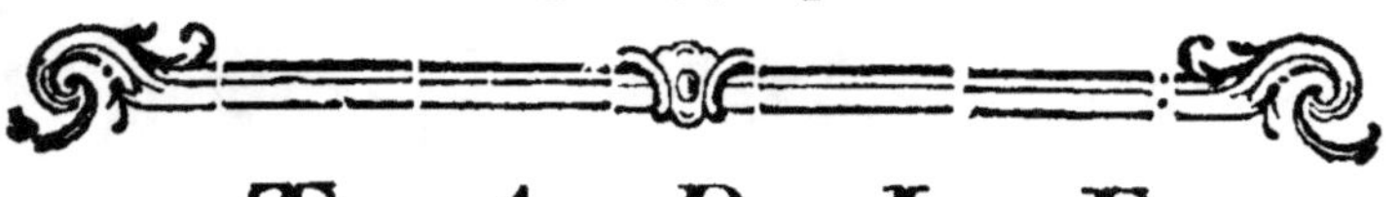

TABLE
DES CHAPITRES ET DES MATIERES.

VOYAGES
DANS LE GOUVERNEMENT D'AIGLE ET LE VALLAIS.

M 3

CHAPITRE V.

CHAPITRE VI.

Départ de Bex. Martigny. Pierres dont sont composées les montagnes des environs. Crystaux de roche aux environs de Martigny. Disgression sur le crystal de roche. Formes des crystaux. Ce que l'on doit penser des corps étrangers renfermés dans les crystaux. Ce qu'avance M. Scheutzer est d'accord avec l'expérience. Cause de la couleur verte des crystaux. Substance qui se trouve souvent avec les crystaux.

CHAPITRE VII.

Départ de Martigny. Aspect singulier. Cause de cet effet. Orage furieux & remarquable. Nuages Conducteurs. Changement de scène en entrant dans la vallée de Sion. Désert du Vallais. St. Pierre. La luzerne. Ses dépôts. Rochers qui la bordent. A sa rive gauche. Preuves tirées de l'inspection du lieu. Rochers de la rive droite de la Luzerne. Mines de cuivre. Morceau précieux pour l'instruction. Arrivée à Sion.

CHAPITRE VIII.

Sion. Environs de Sion. Vue depuis le château de Tourbillon. Le mont Orge. Dequoi composé? Monts Valleria & Tourbillon. Nature de ces rochers. Crystaux de Roche. Mine de cuivre, inconnue aux gens du païs. Singulier coup - d'œil de ces hauteurs iſolées. Conjectures ſur leur production. Elles n'ont pas toujours été ſéparées les unes des autres. Elles formoient autrefois un cap ſous Marin. On y voyoit un baſlin. Où les excavations ſe ſont augmentées de plus en plus. Nature des montagnes au Nord de Sion.

C H A P I T R E IX.

Départ de Sion. Autres hauteurs iſolées ſur la route. Traces qui prouvent la formation du ſol de ces vallées par le Rhône. Applaniſſement preſque ſubit de la plaine & du lit de ce fleuve. Eminences ſablonneuſes auprès de ce fleuve. Hauteurs plus conſidérables, entrelacées en forme de dunes. Leur nature. Leur forme. Quelle eſt l'idée qu'on doit ſe faire ſur l'origine de ces eſpèces de dunes? Deux époques d'atterriſſemens à obſerver. Premiere époque. Iſles produites des dépôts du fleuve. Iſles produites de ſes erroſions. Seconde époque. Dépôts ſecondaires. Les plaines des deux vallées & des païs fertiles en font les produits. Comment ſe ſont formées alors les petites éminences proche du Rhône? Le Rhône a conſervé encore des reſtes de ſon ancienne grandeur. Il change de couleur & s'élargit aux environs de Genève. Grande quantité d'eau qui vient s'abſorber dans le Rhône. Le torrent de Réchi & la riviere d'Avicenza s'y jettent. Direction de la vallée de Sion, elle s'élargit non loin de Sierre. Nature des montagnes entre Sion & Sierre. Arrivée à Sierre.

C H A P I T R E X.

Sierre. Avis aux voyageurs. Coup d'œil intéreſſant. Val-

C H A P I T R E XIV.

RELATION D'UNE EXCURSION

Fin de la Table.

E R R A T A.

Pag. Lignes.

2 ... 6 & 7 de la note ... du Nord-Oueſt au Sud & celle de Sion du Sud à l'Eſt, *liſez* du Sud au Nord-Oueſt & celle de Sion de l'Eſt au Sud.

3 ... 3 & 4 de quelques corps plus peſans qu'elles, *liſez* de quelque corps plus peſant qu'elles.

5 ... 17 dictinctes, *liſez* diſtinctes.

13 ... 16 le Folia, *liſez* de Folia.

14 ... 5 & 6 après l'alinéa ... après le mot polie à ſa ſurface point de virgule.

16 ... 7 & 8 M. Guittard, *liſez* M. Guettard.

38 ... 1 Bex eſt un village, *liſez* Bex eſt un bourg.

38 ... 2 C'eſt entre cette ville & Aigle, *liſez* C'eſt entre ce bourg & Aigle.

55 ... 2 Côtes eſcarpés, *liſez* Côtes eſcarpées.

55 ... 7 de la note ... creuſant la côte de leur lit oppoſé, *liſez* creuſant le côté de leur lit oppoſé.

58 ... 10 Au Nord & au-deſſous nous, *liſez* Au Nord & au-deſſous de nous.

63 ... 13 que les pluies de pluſieurs jours, *liſez* que des pluies de pluſieurs jours.

68 ... note 52 ... Natur Geſchicpte, *liſ.* Natur Geſchichte.

73 ... 14 dont j'ai parlé dans le premier Chapitre, *liſez* dont j'ai parlé dans le troiſieme Chapitre.

77 ... 14 eſt de toute autre compoſition, *liſez* eſt d'une toute autre compoſition.

77 ... 16 Corneus fiſſilis molior. Wall. ſyſt. min. ſp. Tom. I. p. 170. *liſez* Corneus fiſſilis mollior. Wall. ſp. 170. ſyſt. min. Tom. I.

89 ... 6 placée ſur le même niveau, *liſez* placées ſur le même niveau.

101 ... 18 dans l'introduction de cet ouvrage, *liſez* dans l'avertiſſement de cet ouvrage.

103 ... 7-9 de la note, l'on a placé mal à propos ce qu'on lit ici entre deux parenthèſes.

107 ... 25 Lorſque ces eaux groſſiſſent , *liſez* lorſque ſes
eaux groſſiſſent.
112 ... 3 de la note ... des montagnes de différente nature,
liſez des montagnes de différentes natures.
139 ... 7 du ſecond titre à la marge ... à ceux de l'aſphyxie,
liſez & ceux de l'aſphyxie.
144 ... 13 Ces bords ſont peu habités , *liſez* ſes bords ſont
peu habités.
150 ... 16 & 17 & en partie auſſi par la cauſe générale qui
a agi , *liſez* & en partie auſſi à la cauſe générale
qui a agi.
156 ... 2 du Canton du Schwitz , *liſez* du Canton de
Schwitz.
160 ... 2 eſt de la plus grande ſérénité ; ... il ne faut point
ici de point & virgule.
170 ... 27 bien fâchés de n'avoir pu paſſer , *liſez* bien fâchés de n'avoir pu pouſſer.

A V I S   A U   R E L I E U R.

La planche N.º I. doit être placée à la page 140 ,
& la planche N.º II. à la page 176.